德国面包大全

The Encyclopedia of German Bread

[日] 森本智子 著　王宇佳 译

电子音像出版社

Introduction
前言

★ ★ ★

很多人都以为德国只有外表黑黑的又酸又硬的面包。这种面包确实占大多数，但德国也有很多其他样式的面包，而且，仔细品尝又酸又硬的德式面包，也会觉得别有一番风味。如果因为先入为主的偏见，就错过接触德国面包的机会，其实是一件挺让人遗憾的事。我就是抱着这种心情写的这本书。

虽然很多人对德国面包的美味深有体会，甚至还有人特意来德国学习面包知识，但大众对德国面包的认识还是太少了。如何才能填补这一块的空白，是近几年一直困扰我的问题之一。

正在这时，出版社找到我，提议让我写一本有关德国面包的书。当时我有种前所未有的兴奋，然而实际创作并没有想象中那样顺利。德国大大小小的面包加起来有两三千种，要从中选出100种，确实让我难以取舍。而且还要将分散的地方特色面包与相关文化整合到一起，实在不是件容易的事。在这个过程中，我甚至对自己的能力产生了怀疑，有那么多了解德国面包的专家，由我来写这本书真的合适吗?

现在已出版的德国面包书并不多，且大多是以面包配方为中心。我时常想，如果让我编写一本有关德国面包的书，我一定要介绍德国丰富的面包种类以及其中蕴含的历史、文化。经过写书时的深入调查，我发现了很多原来不知道的东西，比如德国人从很久以前就开始吃面包了，面包就是他们生活的一部分。

为本书选择面包品种时，我主要是依靠个人经验，并参考了一些手头现有的书籍。既想介绍德国人每天都会吃的面包，又想写一些很少见的特殊面包或地方特色面包，所以，光是选品就花费了很多时间。唯一遗憾的是，没能收录到本书中的面包品种还有很多很多。

制作这些面包时，我得到了很多面包店和面包师的帮助。当时恰逢圣诞节，大家都很忙碌，但还是都按时完成了制作，真是让我感激不尽。在这里，我还要向为我提供面包照片和资料的德国友人以及提供材料和工具的各个企业表示感谢。

最后，感谢给我提供出版机会的编辑羽根则子以及拍出这么多漂亮照片的摄影师长濑由香里小姐。

希望德国面包深厚的文化能够获得越来越多人的关注。

森本智子

Contents
目 录

大型面包
Brot

小型面包
Kleingebäck

节庆面包
Festtagsgebäck

糕点面包
Feine Backwaren

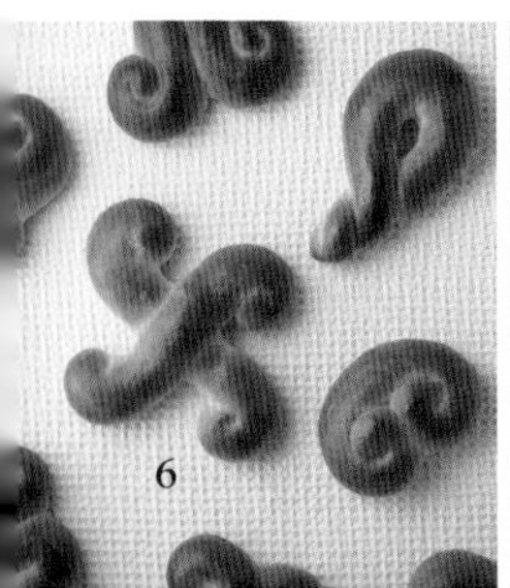

德国面包知识

Brotkunde

专栏

Brotland Deutschland
面包之国——德国

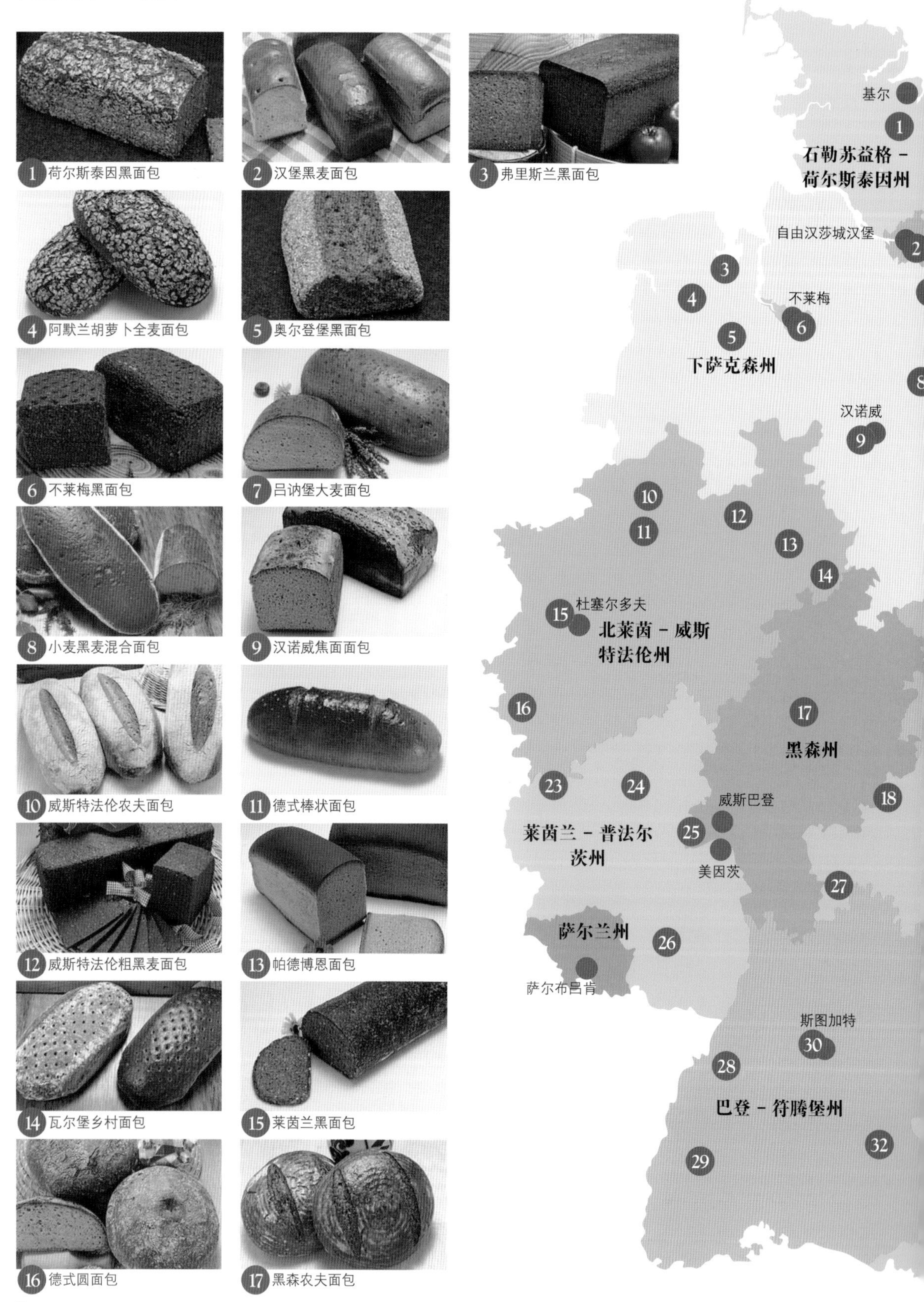

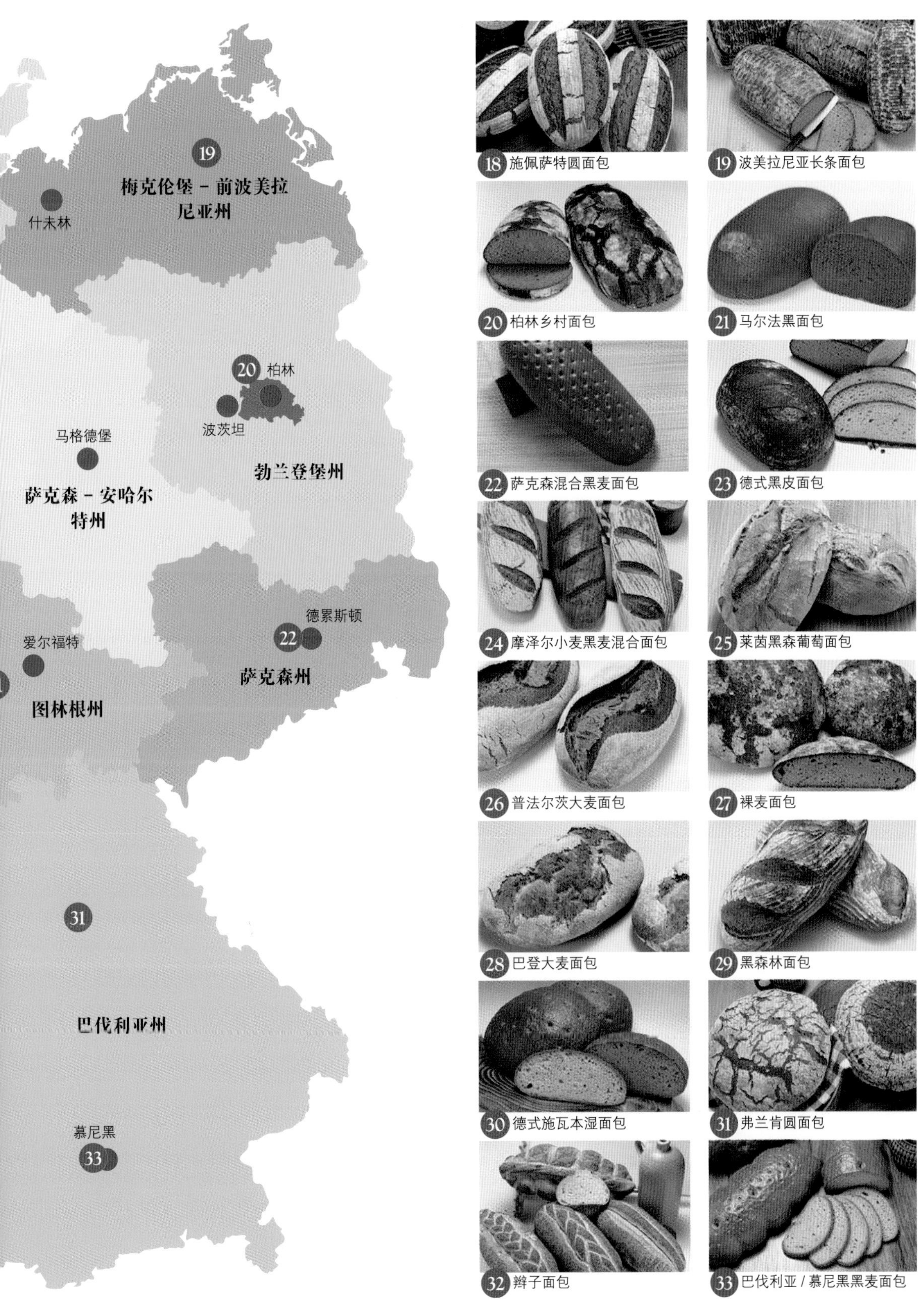
19
梅克伦堡 - 前波美拉尼亚州
什未林
20 柏林
波茨坦
马格德堡
勃兰登堡州
萨克森 - 安哈尔特州
德累斯顿
22
爱尔福特
萨克森州
图林根州
31
巴伐利亚州
慕尼黑
33
18 施佩萨特圆面包
19 波美拉尼亚长条面包
20 柏林乡村面包
21 马尔法黑面包
22 萨克森混合黑麦面包
23 德式黑皮面包
24 摩泽尔小麦黑麦混合面包
25 莱茵黑森葡萄面包
26 普法尔茨大麦面包
27 裸麦面包
28 巴登大麦面包
29 黑森林面包
30 德式施瓦本湿面包
31 弗兰肯圆面包
32 辫子面包
33 巴伐利亚 / 慕尼黑黑麦面包

关于德国面包

什么是德国面包

种类繁多，在世界上首屈一指
能反映出传统、文化和时代

日本汇集了世界各地的美食，当然在面包上也不例外。除了普通的面包店之外，最近还出现很多以英语“Bakery”和法语“Boulangerie”命名的店铺，这两个单词都是面包店的意思，从语源上就能判断它们出售的面包种类。德语中代表面包店的单词是“Bäckerei”，如今，以这个单词命名的面包店也渐渐多起来。

种类繁多，堪称世界第一

日本有一种料理叫烩年糕，虽然都叫一个名字，但每个地方的做法、材料、汤汁和年糕的形状却各不相同，可以说是千变万化。德国面包比烩年糕有过之而无不及，种类繁多，各地都有不同的做法。

请大家翻回前一页，那里展示的就是各地区最具代表性的面包。

提到德国面包，大多数人会联想到坚硬、厚重的主食面包，或是近几年流行的扭结面包和圣诞史多伦面包。其实德国面包的种类非常丰富，远不止这些。可以说，种类繁多是德国面包最大的特征。据统计，德国的大型面包约有300种，小型面包则多达1200种。再加上各种各样的糕点面包，简直是不胜枚举。

其中很大一部分都已经按照重量、材料配比、使用的谷物种类等进行了严格地分类和命名。德语单词一般都比较长，刚接触时可能很容易搞混，但习惯之后，你就会发现，这样的分类和命名法非常合理。只要掌握了单词的拆分方法，光是看到名字，就能想象出这是一款什么样的面包了。后面有关于德国面包分类方法的解说，供大家参考。

看到这里，你一定会好奇，德国为什么会有这么多种面包？那是因为德国拥有迥然不同的地形、土壤条件和历史背景。

德国面包文化深受地理条件的影响

德国的国土面积是34.94万平方公里，相比面积为36.46万平方公里的日本，要稍微小一些。纬度上，日本是北纬20~45°，德国是47~55°，位置比日本偏北一点。日本札幌位于北纬43°，德国南部城市慕尼黑位于北纬48°。

根据上述地理条件可以推断出，德国的气候要比日本寒冷一些，特别是德国东部和北部，属于大陆性气候，不但寒冷，而且干燥。从地形上看，德国可以大致分为三部分，北部的盆地、中部的山岳地带和南部的阿尔卑斯山脉地区。这种巨大的地形差异，衍生出不同的生活习惯和饮食文化，当然对面包种类也会有所影响。

德国超过一半的土地是农场或农业相关区域。谷物田地占德国领土总面积的1/5。谷物是制作面包的主材料之一，德国南部主要栽培小麦，北部主要栽培黑麦。谷物栽培习惯对各地的面包文化有着深远的影响，事实上，德国南方比较流行以小麦为主的面包，而北部的主流则是黑麦面包。

在形成现在的德国政府之前，这片领土一直是由各个小国自由治理的，而且持续了很长时间。即使是现在，德国也并不是中央集权制，而是各州政府进行自治。这种政治制度使各地能很好地保存它们特有的文化。

除了小麦和黑麦，德国还有很多可以用于制作面包的原材料，所以德国面包的种类才能如此丰富。用不同的配比，做出的面包就完全不同。再加上受周边国家饮食习惯，人们喜好的变化以及流行趋势等因素的影响，诞生于德国的面包就变得数不胜数了。

面包在德国的地位

在日本，很少有介绍德国面包知识的资料，而关于面包在德国人心中的文化意义和地位的内容，更是少之又少。

先说一下德国人吃面包的场景。从一日三餐的角度看，德国人早餐以小型面包为主，食物种类比较丰富。相反，德式传统晚餐却比较简单，通常是将切成片状的大型面包与火腿、香肠、奶酪等冷食组合在一起食用。这类晚餐准备起来很方便，比较符合现代人繁忙紧张的生活方式。最丰盛的是午餐，他们通常会食用一些温热的料理。并且，这顿饭一般不吃面包。

早餐和午餐之间以及下午时分，通常会有一顿加餐，食物种类是面包或简单的三明治。在祭典、节庆、聚会时，面包也不可或缺。像在圣诞节和复活节这种传统节日里食用的面包也有悠久的历史，而且每个地区食用的面包各不相同，非常有趣。

一般我们认为市面上销售的面包越新鲜越好，对于德国面包来说，这一点适用于小型面包。德国的大型面包可以保存很长时间，而且德国还有很多专门用来存放面包的容器。不过，对于空气比较潮湿的国家和地区来说，有些容器可能不太适用。后面我们也会讲到德国面包的保存方法。

因健康饮食观念而备受关注的德国面包

本书也会介绍在德国购买面包的方式。除了传统的面包店，德国的甜品店也销售面包。在德国，面包店和甜品店之间有很深的渊源，所以两者的商品也有所重叠。

上面提到了德国大型面包可以保存很长时间，在现在这个通信和运输都非常发达的网络时代，德国也有很多可以订购面包的在线商店。这些商店除了销售传统面包，有时还有三明治等轻食。

德国有着严格的面包师学徒制度，相信很多人都听说过德国的师傅（Meister）考试制度，这个制度也同样适用于面包业界。要在德国成为面包师，不但要懂得制作面包，还要具备丰富的面包相关知识，本书中收录了德国面包师制度的详细说明。

现在，人们越来越重视健康，素食主义者和素食餐馆变得更加普遍，这一点在面包上也有所体现。除此之外，食用有机食品在德国已经成为很平常的事，所以面包也要有机化。本书也会介绍购买有机食品的场所、标志的识别等知识。

麸质是小麦粉的成分之一，它会引起某些人的过敏反应，因此无麸质食品变得日渐流行起来。德国面包使用的谷物种类繁多，不仅小麦粉，其他谷物也都含有麸质。但是，德国面包中却有很多无麸质面包，这对过敏人士来说是很大的福音。这种健康观念和对过敏人士的体贴，也是德国面包越来越受欢迎的原因。

德国面包店中的面包通常是展示在玻璃柜中，这样可以让人们更直观地了解面包的数量、样式。

经常在早餐和加餐时食用的各种小型面包。

这些在日本被称为“烤甜点”的糕点通常是在甜品店销售。在德国，因为同样是用烤箱烤制而成，所以普通面包店也会售卖。

了解更多德国面包知识

德国的面包种类和消费量都位列世界第一。本书将从种类繁多的德国面包中筛选出100种左右详细介绍给大家。其中既有在日本比较常见的面包，也有德国的经典面包，甚至还有一些地域性较强的小众面包。我将这些面包分为“大型面包”“小型面包”“节庆面包”和“糕点面包”四大类，然后会从背景、历史、特征、材料、制作方法等角度，详细地介绍每一种面包。

在介绍面包的过程中，会插入一些小栏目，讲述与德国面包相关的节庆或习俗。除了面包本身，又添加了一些相关背景，希望大家会喜欢。

另外，书的最后一部分会介绍各种面包相关的信息和趣闻，例如德国面包的分类、制作时使用的材料、每个区域的面包特征、食用面包的场景、面包购入的地点及以面包为主题的博物馆等。当然还有无麸质面包和健康有机面包的相关信息。

其中最激动人心的，是德国面包的申遗情况，德国面包已经被认证为德国本土的非物质文化遗产。

希望大家可以通过这本书，领略到德国面包的迷人之处。

德国路旁的面包销售窗口，除了正式的三餐，其他时间也可以来买。

图中左边是德国糕点面包的代表——柏林炸面包。油炸的做法，很容易让人联想到甜甜圈。

德国也有很多同时销售饮料和面包的店铺。

健康食品店，当然也销售面包。

面包食谱的使用方法

制作面包是一项很精细的工艺，这一点只要是制作过面包的人都应该很清楚。

这是因为面包的制作会受到很多因素的影响，即使用同一个配方，所用的原材料和水，制作面包当天的温度和湿度稍有不同，做出的面包口感也会有区别。不同地区的水质有很大差异，这也是影响面包制作的要素之一。

本书的主要目的是普及德国的面包文化，另外还会介绍一些制作面包所用的材料和方法。

书中面包的制作方法、材料等，都来自德国本土。当然，世界各地也有很多制作正宗德式面包的店铺，但难免会做一些个性化的改良。我认为只有来自德国本土的东西，才能更好地向大家展示德国面包的魅力。

书中的面包配方几乎都是原汁原味的德国配方，并非根据日本材料和环境改良过的，这一点我想提前告知一下。不同品牌的烤箱，功率和发热速度等都有所不同，不同国家的烤箱更是如此。另外，配方中通常用揉面机揉面。

德国面包和日本面包在材料上的最大区别就是谷物，德国的小麦粉和黑麦粉与日本的不同。日本的小麦粉一般分为高筋面粉、中筋面粉和低筋面粉三类，其分类依据的是蛋白质含量。而德国对面粉的分类，则是根据矿物质的含量。具体来讲，德国根据100g小麦粉中矿物质的含量，将小麦粉分成了“405号”和“550号”等型号，有关型号的详细资料在“德国面包的材料”（P188）一文中，请大家参考。里面还会介绍其他必不可少的材料。希望大家根据这些信息并结合自己周围的环境，调整出适合自己的德国面包配方。

制作德国面包时，还会提前将谷物（面粉或麸皮等）或种子类泡发。与酵头、中种不同，不需要加酵母或酸种，只是让谷物或种子类充分吸水。下面是泡发的目的和效果。

- **提高各成分烘焙百分比（Teig Ausbeute，TA）。**
- **让比较硬的谷物和种子类吸水后变软。**
- **使烤出的面包更有弹性。这样无论是切开还是涂黄油，面包都不容易碎。**
- **使面包味道更香，延长保存时间。**

下面介绍制作德国面包时常用的泡发方法。

●常温泡发（Quellstück）
Quellen是“放入水中泡发”的意思。
即将谷物或种子类倒入20~30℃的水中，盖上盖子，浸泡10~20小时。

●粒状谷物煮沸泡发（Kochstück）
Kochen是“煮”“沸腾”的意思。
即将粒状谷物放入即将沸腾的水中，盖上锅盖，保持水的温度接近沸点，煮至水分完全蒸发。

●热水泡发（Brühstück）
Brühen是“浇上热水或浸入热水里”的意思。
即用70~100℃的热水浇谷物，再将热水保持在50~70℃，泡发3~4小时。跟Quellstück相比，使用的水的温度更高，所以泡发可以在几个小时内完成。

●粉状谷物煮沸泡发（Mohlkochstück）
Mehl是“面粉”的意思，跟Kochstück类似，只是将粒状谷物换成了面粉。最后要将面粉煮成黏稠的状态。

书中德国面包配方的参考网站
“Plotzblog”www.ploetzblog.de/
网站运营者：Lutz Geißler
原地质学家。2009年开始在博客发布有关面包的内容，一跃成名。于2013年推出自己的第一本面包配方书。到目前为止，已经出版4本书，这些书的总销量超过12万本，Lutz Geißler也成为了面包领域的知名作家。Lutz Geißler成功后也不忘学习，一直致力于做高品质的面包。

大型面包

Brot

* * *

德国面包以种类繁多而著称，其中有 300 多种是大型面包。光说大型面包大家可能不太理解，其实就是需要切开或切成片食用的面包，最低重量为 250g。而且，其中谷物或谷物制品要占总重量的 90% 以上，油脂、砂糖等只能占不到 10%。形状有圆形、长方形和椭圆形等。使用谷物的种类和烘烤时间的不同会导致面包颜色有所不同，主要呈深褐色、深茶色和看起来很厚重的黑色。

白面包

Weißbrot

* 区域：德国
* 主要谷物：小麦、黑麦、斯佩尔特小麦
* 发酵方法：酵母、小麦酸种、黑麦酸种
* 应用：主食、甜点、零食

材料（1个份）

中种[※1]

小麦粉550……240g

粗粒小麦粉……25g

水……160g

麦芽糖浆……2g

鲜酵母……6g

油……10g

盐……6g

※1　中种

小麦粉550……30g

水……20g

盐……0.6g

鲜酵母……0.9g

制作方法

1 将中种的材料混合，放入冰箱冷藏3天，待其发酵。

2 将除了盐和油以外的所有材料倒入揉面机中，用最低速度揉5分钟，再用高一挡的速度揉5分钟。倒入油，继续揉3分钟，最后倒入盐，用相同速度揉2分钟。醒90分钟，待其发酵。

3 将面团揉圆，醒10分钟。在砧板上摔打几下，给面团排气。再分别从两边向中间折，然后滚成椭圆。

4 将有接合部位那一面朝下放置，醒60分钟，待其发酵。

5 在表面切出斜向刀口，放入开了蒸汽的230℃的烤箱中，再调成200℃，烤40分钟。

Weiß在德语中是白色的意思，所以Weißbrot翻译过来就是“白面包”。

白面包既是一种面包的名字，也是一类面包的统称（P186）。作为统称的“白面包”，是指主材料为小麦粉的面包，且小麦粉必须占比90%以上。剩下不足10%的部分可以使用其他谷物。

不过，值得注意的是，在白面包这个类别下不但有用普通小麦制成的面包，还有用斯佩尔特小麦制成的面包。为了明确区分这两者，需要在名字前面加上前缀。用普通小麦制成的白面包被称为Weizenweißbrot，用斯佩尔特小麦制成的白面包则被称为Dinkelweißbrot。

前面提到了白面包的小麦粉含量必须在90%以上，其实只要满足了这个条件，其他就可以自由发挥了。比如使用全麦面粉，或者将常用的小麦酸种换成黑麦酸种。当然还可以加一些其他材料，像种子类或酪乳等。白面包在形状上也没有特殊限制，既可以用手揉成椭圆，也可以用模具做成长方体。

白面包色泽亮丽，而且原材料需要复杂的精制过程，因此自古就被当成高级面包。据说古埃及曾经将白面包作为公务员的酬劳发放。

小麦混合面包
Weizenmischbrot

✶ 区域：德国
✶ 主要谷物：小麦、黑麦等
✶ 发酵方法：酵母、酸种
✶ 应用：主食、制作三明治

材料（1个份）
中种A※1
中种B※2
小麦全麦粉（小麦粉812）……350g
水（约30℃）……210g
葡萄酒醋……15g
盐……10g
鲜酵母……1g

※1 中种A
黑麦全麦粉（黑麦粉997）……100g
水（约20℃）……125g
鲜酵母……0.1g

※2 中种B
小麦全麦粉（小麦粉812）……50g
水（15~18℃）……25g
鲜酵母……0.5g

制作方法

1 将中种A的材料混合，在室温（约20℃）下放置10~12小时，待其发酵。
2 将中种B的材料混合，在12~16℃下放置12~16小时，待其发酵。
3 将所有材料均匀地混合，放入揉面机，用低速度揉5分钟，再用高一挡的速度揉5分钟（面团温度约25℃）。
4 在室温下醒30分钟时，将面团擀开，再叠起来，然后再醒30分钟，重复此步骤1次。最后在5~6℃下醒8~12小时。
5 将面团揉成棒状，放入发酵篮，在室温下发酵90分钟。
6 在表面切出斜向刀口，放入开了蒸汽的250℃的烤箱中，再调成220℃，烤55~60分钟。

Misch等同于英语中的mix，所以mischbrot是混合面包的意思。按照德国面包类目（P186）的分类标准，混合面包是指主要谷物占总量50%~90%的面包，也就是说，除了主要谷物外，面包中还会混有其他谷物。这款面包的主要谷物是小麦，因此被称为小麦混合面包。

小麦粉和其他谷物制品的混合比例有很多种，每个配方的制作方法也不尽相同。用来充当膨胀剂的可以是小麦酸种，也可以是黑麦酸种。

这款面包看起来简单，制作方法却千变万化，还可以自由发挥。

军用面包
Kommissbrot

✶ 区域：德国
✶ 主要谷物：黑麦、小麦
✶ 发酵方法：酸种、酵母
✶ 应用：主食

材料（1个份）
黑麦酸种[※1]
黑麦全麦粉……215g
小麦粉1050……70g
水……190g
盐……9g
油……适量

※1 黑麦酸种
黑麦全麦粉……145g
水……145g

制作方法

1. 将黑麦酸种的材料混合，在室温下放置16~20小时，待其发酵。
2. 将所有材料混合，揉成均匀的面团，醒30分钟左右，用手轻轻揉捏。
3. 将面团放入长方形模具中，在温暖的环境下发酵2~2小时30分钟。
4. 用水（分量外）浸湿表面，放入250℃的烤箱中烤30分钟。

Komiss是军队的意思，所以Kommissbrot翻译过来就是“军用面包”。这款面包不仅营养丰富，而且保质期很长，在战争时期是非常珍贵的食物。从古代开始，这款面包就应用于战场。第一次世界大战时，以黑麦全麦粉和小麦粉为主要材料的配方成为主流。

在两次世界大战期间，粮食出现短缺，这款面包也以此为契机渐渐成为了一般民众的主食。从用料上看，使用大量黑麦粉的军用面包与黑麦粉占90%以上的黑麦面包及黑麦粉占50%~90%的黑麦混合面包，应该算是一脉相连的兄弟。

表面黑黑的且粗糙不平，中间有细腻的气泡是这款面包的特征。

农夫面包

Bauernbrot

- ✶ 区域：德国
- ✶ 主要谷物：黑麦、小麦
- ✶ 发酵方法：酸种、酵母
- ✶ 应用：主食

材料（1个份）

酸种 ※1

汤种 ※2

黑麦粉 1150……180g

斯佩尔特小麦粉 1050……100g

水（50℃）……115g

酪乳（5℃）……30g

※1 酸种

黑麦全麦粉……200g

水（50℃）……225g

酵头……40g

盐……4g

※2 汤种

陈面包（处理成很小的碎末）……25g

热水……75g

盐……6g

制作方法

1. 将酸种的材料混合，在20~22℃下放置12~16小时，待其发酵（面团温度约为35℃）。
2. 制作汤种。将热水浇到陈面包末和盐上，不断搅拌，直至混合均匀。盖上保鲜膜，静置60分钟左右，待其冷却到约50℃。
3. 将所有材料倒入揉面机中，用最低速度揉6分钟，再用高一挡的速度揉1分钟，制作成均匀的面团（温度约为30℃）。醒45分钟。
4. 将面团揉成椭圆，撒上干面粉（分量外），放入发酵篮中。在20~22℃下放置90分钟左右，待其发酵。
5. 放入280℃的烤箱中，再调成220℃，烤55分钟左右。开始烘烤2分钟后打开蒸汽，8~10分钟后排出蒸汽。

Tip

将面团揉成椭圆后，最好把光滑那一面朝上放置，这样烤出的面包表面更细腻，而且表面会出现像木纹般的纹样。

Bauern在德语中是农民、农夫的意思。所以Bauernbrot翻译过来就是“农夫面包”。以前农家会烤一些这种面包，拿到城镇去售卖，因此得名农夫面包。

按照德国面包类目的分类标准，农夫面包跟乡村面包（P22）一样，属于用酸种发酵的黑麦面包、黑麦混合面包或小麦混合面包中的一种。形状有圆形和椭圆形两种，圆形是比较主流的。表面的纹样也有很多种，可以是自然产生的裂纹，也可以是发酵篮压出的纹样或刻意划出的格纹。烘烤前撒些干面粉，纹样会更明显、更漂亮。

农夫面包一定要烤出裂纹，裂纹附近的面包酥脆焦香，内部封存了水分，口感细腻湿润。一种面包，能体会到两种截然不同的口感。

大大的农夫面包看起来又震撼又诱人。很多德国面包店都会在最显眼的地方摆上重达几千克的农夫面包，作为镇店之宝展示。农夫面包外表质朴，让人联想到农夫用自家的土窑烤出面包的情景。不过，受到德国城市化和少子化的影响，这种传统的农夫面包越来越少见了。

农家用土窑烤的农夫面包。

乡村面包

Landbrot

★ 区域：德国
★ 主要谷物：黑麦、小麦
★ 发酵方法：酸种、酵母
★ 应用：主食

材料（1个份）

中种[※1]
小麦粉 1050……235g
水……100g
鲜酵母……6g
蜂蜜……7g
盐……7g

※1 中种
斯佩尔特小麦粉 1050……100g
水……100g
鲜酵母……0.8g

制作方法

1 将中种的材料混合，在室温下放置3小时，待其发酵。然后放入冰箱，醒14~18小时。
2 将所有材料倒入揉面机中，用最低速度揉5分钟，再用高一挡的速度揉10~12分钟，将面团揉成细腻光滑的状态。盖上盖子，静置60分钟，待其发酵。
3 将面团揉圆，撒上干面粉（分量外），放入发酵篮中。静置60~90分钟，待其发酵。
4 抖去多余的干面粉，放入开了蒸汽的250℃烤箱中，烤10分钟，排出蒸汽，调成200℃，继续烤30分钟。

德语的Land跟英语的Land语源相同，有国家、土地等含义。所以将Landbrot翻译成“乡村面包”。

乡村面包和农夫面包（P20）都是德国很常见的面包，这两种面包外形很像，单凭外表很难区分。实际上，这两者有着密切的联系。它们都属于乡村面包（P185）这个类别。不同地区的乡村面包配方也各不相同，根据谷物分类法，它们可能被归于黑麦面包、黑麦混合面包或小麦混合面包中的一类。至于具体归为哪一类，就要看具体配方了。

乡村面包有很多特色的地方品种，例如黑森林乡村面包（Schwarzwälder Landbrot）、巴伐利亚乡村面包（Bayrisches Landbrot）、柏林乡村面包（Berliner Landbrot）、罗恩乡村面包（Rhöner Landbrot）、波美拉尼亚乡村面包（Pommersches Landbrot）、韦斯特瓦尔德乡村面包（Westerwälder Landbrot）、西里西亚乡村面包（Schlesisches Landbrot）、霍士丹乡村面包（Holsteiner Landbrot）、兰恩堡乡村面包（Lauenburger Landbrot）、帕德波那乡村面包（Paderborner Landbrot）等。很多城市都有以自己市名冠名的乡村面包，某些面包店还有自己独创的配方。虽然统称为乡村面包，实际却各不相同。

德国各地区历史和文化差异很大，时至今日，这些地域传统文化还很好地保留着。各地的乡村面包不尽相同，由此可以看出，德国人对自己家乡的无限热爱。

巴登地区经过装饰的乡村面包。

柏林乡村面包
Berliner Landbrot

* 区域：主要分布于德国北部
* 主要谷物：黑麦、小麦
* 发酵方法：酸种、酵母
* 应用：主食、制作三明治

材料（1个份）

黑麦酸种[※1]

中种[※2]

黑麦粉1370……200g

水……50g

盐……10g

麦芽糖浆……1小匙

※1 黑麦酸种

黑麦粉1370……150g

水……150g

酵头……30g

※2 中种

小麦粉1050……150g

水……150g

鲜酵母……0.3g

制作方法

1. 制作黑麦酸种和中种。将黑麦酸种和中种的材料分别混合，在室温下放置16~20小时，待其发酵。
2. 将所有材料放入揉面机中，用最低速度揉5分钟，再用高一挡的速度揉10分钟，将面团揉成湿润黏稠的状态，继续醒30分钟。
3. 将面团放到撒了干面粉（分量外）的台面上，揉成蛋状，然后将面团接合处朝上放到发酵篮中，静置60~90分钟，待其发酵。
4. 切出刀口，放入开了蒸汽的250℃的烤箱中，烤15分钟。排出蒸汽，调成200℃，继续烤40分钟。

这款面包名字的前一个词是Berliner，所以是柏林风味的乡村面包。它是一种很有名的德国面包，在日本的面包店也很常见。

按照德国面包类目（P186）的分类标准，柏林乡村面包属于黑麦面包或黑麦混合面包。制作黑麦混合面包时会加入小麦粉，跟主要用黑麦粉制成的黑麦面包相比，它的味道更柔和，口感也更柔软。

柏林乡村面包一般是椭圆形的，烘烤前会在表面撒一些黑麦粉。整理造型时，有时会在表面切一个刀口，有时则会保留发酵篮的纹样。面包表面的脆皮不会很硬，有一定的弹性，而且会有黑麦的香味。

这款面包有很多种吃法，既可以夹上奶酪和火腿做成三明治，也可以当主食搭配各种料理。

黑森林乡村面包
Schwarzwälder Landbrot

* 区域：主要分布于德国西南部的黑森林地区
* 主要谷物：小麦、黑麦
* 发酵方法：酸种、酵母
* 应用：主食、制作三明治

材料（2 或 4 个份）

黑麦酸种 ※1
小麦酸种 ※2
水（30℃）……1065g
小麦粉 1050……1600g
小麦全麦粉……280g
盐……56g

※1 黑麦酸种
黑麦粉 1150……445g
温水（50℃）……400g
酵头……45g

※2 小麦酸种
小麦粉 1050……445g
温水（50℃）……400g
酵头……45g

制作方法

1 将黑麦酸种和小麦酸种的材料分别混合，在 20℃下放置 18 小时，待其发酵。
※ 制作小麦酸种时，要先将温水和面粉混合，再加入酵头。
2 将所有材料倒入揉面机中，用低速度揉 5 分钟（面团温度为 24~25℃）。
3 在 20℃下发酵 90 分钟。每隔 30 分钟将面团拿出，用手折叠揉捏。
4 将面团分成 2 等份或 4 等份，然后揉圆。
5 将面团接合处朝上放置到撒了干面粉（分量外）的发酵篮中，盖上盖子，在 4℃下发酵 10 小时。
6 将面团接合处朝下放置到台面上，在表面随意切出刀口，放入开了蒸汽的 280℃的烤箱中，调成 200℃，1 个 1kg 的面团（分成 4 等份的）需要烤 50 分钟，1 个 2.4kg 的面团（分成 2 等份的）需要烤 80 分钟。

Tip
有些面包师或面包店的配方会增加黑麦粉的配比。

Schwarzwald指“黑森林”这个地区，它位于德国西南部的巴登-符腾堡州，主要地形为山地。该地区有大片针叶林，特别是挪威云杉，深绿色的森林连绵不断，远远望去黑压压的一片，因此得名“黑森林”。喜欢甜点的人应该对黑森林蛋糕并不陌生，这是黑森林地区有名的特产之一。

乡村面包的做法南北差异很大，北部的柏林乡村面包（P24）的主要材料是黑麦粉，而南部的黑森林乡村面包，材料则以小麦粉为主，因为南部更流行种植小麦。

黑森林乡村面包表面坚硬酥脆，内部有均匀细腻的气泡，是一款非常有弹性的面包。它适合搭配同样是黑森林地区的特产——黑森林火腿或者培根食用。黑森林火腿是用冷杉熏制而成的，与涂了黄油的面包一起食用，味道非常棒。黑森林地区还盛产野蜂蜜，这种蜂蜜跟乡村面包是绝配。

全麦面包

Vollkornbrot

- ★ 区域：德国
- ★ 主要谷物：小麦、黑麦等
- ★ 发酵方法：酵母、酸种
- ★ 应用：主食

材料（1个份）

中种 ※1

小麦全麦粉……570g

水（30℃）……495g

鲜酵母……8g

盐……11g

※1　中种

小麦全麦粉……108g

水……105g

鲜酵母……4g

盐……4g

制作方法

1. 将中种的材料混合，用手揉成细腻均匀的面团，在5℃下发酵3天。
2. 将所有材料倒入揉面机，用最低速度揉15分钟，再用高一挡的速度揉4分钟。揉到不会粘在碗上的程度即可（面团温度约为27℃）。
3. 在24℃下发酵60分钟。每隔20分钟，将面团拿出，用手折叠揉捏。
4. 将面团揉成紧实的圆团。在24℃下发酵45分钟。将面团接合处朝上放置到撒了干面粉（分量外）的发酵篮中。
5. 放入充满蒸汽的250℃烤箱中，调成220℃，烤50分钟左右。

Tip

此配方是主要材料为小麦全麦粉的全麦面包。当然也有以黑麦全麦粉为主要材料的黑麦全麦面包。

Vollkorn的voll跟英语中的full同意，是全部的意思。德语中korn等同于英语中的corn或grain，意思是谷物。所以Vollkorn翻译为“全麦谷物”。全麦面粉中保留了谷物的糠和麸子，比精制面粉含有更多的膳食纤维、B族维生素和矿物质，营养更丰富。德国面包在人心目中一直是健康食品，尤其是全麦面包。

不过，并不是所有使用全麦谷物的面包都叫全麦面包，根据德国面包类目（P186），只有小麦全麦粉和黑麦全麦粉的总量占90%以上的面包才属于全麦面包。

当然，小麦粉和黑麦粉的配比可以自行调整，如果小麦粉或黑麦粉的含量占了90%以上，就要在Vollkornbrot前加上Weizen（小麦）或Roggen（黑麦）的前缀。

很久以前，白面包因为复杂的原料、制作工艺和柔软的口感，在很长一段时间内，都是王公贵族们才能享用的奢侈品。但随着科技发展，人们生活日渐富足，营养学和食品化学也日渐完善，糠和麸子的营养价值越来越受人们认可。从19世纪开始，用粗粮做成的全麦面包开始受到推崇，时至今日，选择粗粮食品的人越来越多。

全麦面包这一类下有很多种面包，例如后面会介绍的葛拉翰全麦面包（P41）和粗黑麦面包（P46）。除了以小麦和黑麦为主要材料的全麦面包，还有以斯佩尔特小麦为主要材料的斯佩尔特全麦面包（P54）。

市面上销售的小麦全麦粉（Weizenvollmehl）。

专栏 1

用面包来放松心情 德国的“面包时间”

面包大国——德国
独有的饮食习惯

照片来源：Rudolf Boehler

面包时间会食用的一些小型面包。

书中介绍的面包有一百种左右，但这只是德国面包的一小部分。种类繁多是德国面包的特征之一，也从侧面体现了德国人爱吃面包的饮食习惯。除了正式的三餐，德国人还喜欢吃便餐，便餐里当然也少不了面包。那么，这究竟是怎样的一种饮食习惯呢？让我们一起来看一下。

享用面包便餐的时光称为“面包时间”

德国南部的巴伐利亚州、图林根州、弗兰肯等地区，有一种名叫“Brotzeit”的饮食习惯。“Brot”在德语中是面包的意思，“zeit”是时间的意思，直译过来就是“面包时间”，这是指三餐之间以面包为主食的冷餐，不同地区的人对它的称呼各不相同，食用时间也比较随意，有时在上午，有时在下午。

面包时间的菜品一般是由面包、火腿、香肠和奶酪等组合的拼盘，旁边还会配上新鲜蔬菜或泡菜。德国是食品加工大国，“面包时间”当然有不同颜色、形状和味道的肉类加工品登场，奶酪的种类也不少，既有切片或切块的天然奶酪，也有加了香料的奶酪蘸酱，这些都可以用来搭配面包食用。

日本有很多搭配米饭吃的料理，德国也有很多配面包的菜。最配德国面包的饮料，当然是德国啤酒。

这是巴伐利亚一个啤酒酿造厂的餐厅提供的面包时间套餐，作为容器的木板上面摆放着丰富的食物。位于图中左下角的白色钵里，是撒了烤洋葱的猪油。图中的小萝卜也是慕尼黑“面包时间”中的经典食材之一。

无论是野餐还是待客，德国人都会准备面包

天气晴好的周末午后，很多德国人会选择在室外食用便餐。在面包时间中登场的面包、奶酪和其他加工食品，也很适合带去野餐。

除了当作日常便餐，面包还常被用来招待客人。请亲朋好友来做客时，主人一般会准备摆着丰富食材的德式拼盘。

德国有一种名叫啤酒花园（Beer Garden）的店铺，里面只提供啤酒，人们可以自带餐食，很多德国人经常会带着美食在里面享受一个悠闲的下午。

“面包时间”中的小型面包

在德国慕尼黑，有很多专供在面包时间食用的小型面包。这些面包统称为慕尼黑面包时间小面包，本书中介绍的芬尼餐包（Pfennigmuckerl，P106）就是其中之一。

很久以前，工匠们从清晨就要开始劳作，中午就已饥肠辘辘，于是他们通常还会在上午吃一些东西充饥。到了现在，德国学校和公司还习惯在10点留出短暂的休息时间，让人们吃便餐。

据说，工匠们上午吃的面包，就是这种小型面包的起源。为了让进行体力劳动的工匠们吃饱，便餐的量一般很多，所以很多小型面包都是由好几个圆团面包粘在一起的。

为了更好地体味德国面包文化，大家有必要提前了解一下这种名叫“面包时间”的饮食习惯。

照片来源：Rudolf Boehler

1. 典型的巴伐利亚风味便餐。竹篮中装着面包，旁边的拼盘上放着火腿、香肠等食材。还有名为 Obatzter 的奶酪蘸酱及德国啤酒。2. 由慕尼黑面包时间小面包组成的早餐，拼盘里放的是香肠和萝卜（在慕尼黑的方言中是 Radi）。3. 慕尼黑面包时间小面包。这几种面包都是几个圆团粘到一起的造型，有些使用了黑麦粉，有些使用了香芹籽。

柴窑面包

Holzofenbrot

- ＊区域：德国
- ＊主要谷物：黑麦、小麦等
- ＊发酵方法：酸种、酵母
- ＊应用：主食

材料（2个份）

酸种 ※1

黑麦粉 1370……600g

小麦粉 1050……400g

水……800mL

鲜酵母……16g

盐……32g

※1 酸种

黑麦粉 1370……300g

水……250mL

酵头……10g

制作方法

1. 将酸种的材料混合均匀，盖上盖子，静置18~24小时，待其发酵。
2. 将所有材料倒入揉面机，用低速度揉15分钟。放在室温下发酵30~40分钟。
3. 将面团分成2等份，分别揉成圆或椭圆。放入撒了干面粉（分量外）的发酵篮中，发酵50分钟左右。
4. 在柴火窑中烤2小时以上。

Holzofen是“柴火窑”或“柴火炉”的意思。现在做面包一般是用烤箱，而且烤箱种类和性能多种多样，制作者可以根据需求选择烤箱。然而以前却没有这么方便的电器，人们制作面包使用的是柴火窑。这种窑用砖块砌成，砖块间用混合了水和稻草的黏土加固。

烧窑时，要将点燃的木材推到窑的深处，这样木材就能填满整个窑，烧1个小时以后，将柴火取出。将裹着湿布的木棒伸到窑中进行清理，然后就可以放入面包，开始烘烤。用这种方法做出的面包就是柴窑面包。另外，用来擦拭柴火窑的木棒，被称为面包店的旗帜（Bäckerfahne）。

柴火窑可以将富含水分的面团烤成表面焦脆、内里湿润的面包。用柴火窑烤出的面包保存时间较长，自然发酵的酸种柴窑面包，可以保存2周左右，以前烤完面包后，人们会用柴火窑里的余温制作苹果、洋梨、李子等的果干。这样物尽其用，古人的智慧不得不让人惊叹。

除了面包之外，还有一些用柴窑烘烤的甜点，例如德式火焰饼（P78）和苹果黄油蛋糕（P175）等。这些食物可以用来测试柴窑温度，先烘烤它们，观察成品，就能判断柴窑的温度是否能烘烤面包。

德式柴窑有各种各样的大小和样式。上方的空间用来放面包，中间的抽屉用来收集炉灰。

灰面包

Graubrot

* 区域：德国
* 主要谷物：黑麦、小麦
* 发酵方法：酸种
* 应用：主食

材料（2个份）
黑麦酸种 ※1
泡发面包干 ※2
水合面团 ※3
黑麦粉 1150……450g
水（45℃）……170g
鲜酵母……10g

※1　黑麦酸种
黑麦粉 1150……250g
水……220g
酵头……50g
盐……5g

※2　泡发面包干
陈面包（干燥后碾碎）……100g
水……200g
盐……14g

※3　水合面团
小麦粉 1050……300g
水……200g

制作方法

1. 将黑麦酸种的材料混合均匀，在 20℃下发酵 20 小时。
2. 泡发面包干。将材料混合均匀，在 18℃下静置 8~12 小时，充分泡发。
3. 制作水合面团。将材料混合均匀，静置 60 分钟，使其充分融合。
4. 将所有材料倒入揉面机中，用低速度揉 6 分钟，制作成较硬的面团（面团温度为 26℃），在 24℃下发酵 40 分钟。
5. 将面团分成 2 等份，然后分别揉成长方体。
6. 将面团接合处朝上放到发酵篮里，在 24℃下发酵 70 分钟。
7. 将面团接合处朝下放到台面上，在表面涂上或喷上一层水（分量外）。
8. 放入 280℃的烤箱中，调成 200℃，打开蒸汽，烤 45 分钟。
9. 烤好后立刻喷上水（分量外）。

Grau在德语中是“灰色”的意思，所以Graubrot翻译过来就是灰面包。它是介于黑面包和白面包之间的面包。小麦粉占比接近100%的是白面包（P16），黑麦粉占比很高的黑色面包是德式黑面包（P42），而介于它们之间的就是这款灰面包。严格来说，灰面包的颜色并不是灰色，只不过比较接近。

既然灰面包介于白面包和黑面包之间，那么从分类上来看，它应该算是混合面包（P186），所以混合面包的别名就是灰面包。混合面包是根据谷物占比得来的名字，而灰面包则是根据面包颜色得来的名字。

至于究竟要称为混合面包，还是灰面包，亦或是另起他名，都由烘焙者或面包店来决定。

不同地区做出的灰面包会有些差异，因此都会在面包名称前面再加上地区的名字。例如帕特波恩灰面包（Paderborner）、奥伯兰德灰面包（Oberländer Brot）、巴伐利亚灰面包（Bayerisches Hausbrot）、瓦尔堡灰面包（Warburger）、卡瑟尔灰面包（Kasseler）等，它们的形状和谷物成分都有所不同。

德式软面包

Ausgehobenes Bauernbrot

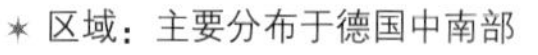

- ✶ 区域：主要分布于德国中南部
- ✶ 主要谷物：黑麦、小麦
- ✶ 发酵方法：黑麦酸种
- ✶ 应用：主食

材料（7 个份）

小麦粉……1kg
黑麦粉……1kg
酸种……1kg
鲜酵母……50g
盐……60g
水……1.6kg

制作方法

1 将所有材料倒入揉面机中，揉成质地均匀的面团（面团温度为27~28℃），放到一旁静置15分钟。
2 再稍微揉一下，放到一旁静置30~45分钟，待其发酵到原来的2倍大小。
3 浸湿双手，然后用手将面团分成7等份。把每个小面团揉圆，醒5分钟左右。
※ 将面团分成7等份时，不需要特别精确。
4 放入250℃的烤箱中烘烤，10分钟后调成200℃，继续烤50分钟左右。

Tip

造型时一定要将双手浸湿，然后揪下一小团面，迅速揉成圆形，不要过分揉捏。

Ausgehobene是动词“ausheben”的被动形，而ausheben是“挖出”的意思。这款面包的面团非常柔软，造型时必须用手从容器中挖出，它正是因此而得名。德式软面包的全名是Ausgehobenes Bauernbrot，有时也会简化成Ausgehobenes。

因为面团异常柔软，所以这款面包不用经历普通面包必须经历的二次发酵。它需要的材料很少，做法也非常简单。烤好后表皮酥脆，内部湿润而有弹性，可谓老少皆宜。制作时面粉有很多种配比方式，有些是以小麦粉为主，有些则是以黑麦粉为主。

面包店制作的软面包通常都很大，这些软面包一般会被切成2等份或4等份售卖。

德式湿面包
Genetztes Brot

* 区域：主要分布于德国南部，特别是施瓦本地区
* 主要谷物：黑麦、小麦
* 发酵方法：黑麦酸种
* 应用：主食

材料（1个份）

中种[※1]

小麦粉 1050……240g

黑麦粉 1150……20g

鲜酵母……8g

水……185g

黑麦酵头……35g

盐……9g

※1 中种

小麦粉 1050……100g

水……100g

鲜酵母……2g

制作方法

1. 将中种的材料混合均匀，在室温下发酵16~18小时。
2. 将所有材料（只倒130g水）倒入揉面机中，用最低速度揉3分钟，再用高一挡的速度揉6分钟。倒25g水，用低速度揉2分钟，再用高一挡的速度揉3分钟。倒入剩余的30g水，继续揉2~3分钟。在24℃下发酵90分钟左右。
3. 沾湿双手，给面团造型，然后立刻放入250℃的烤箱中，调成200℃，打开蒸汽开关，烤50分钟，烤成深茶色。

德式湿面包又叫Eingenetztes Brot，有时会省略Brot，简称为Genetztes或Eingenetztes。

netzen在德语中是“湿润、沾湿”的意思，而Genetztes是它的被动形。所以Genetztes Brot就是“沾湿的面包”的意思。制作这款面包时，需要将发酵好的面团表面沾湿，然后用湿润的双手造型。

烤好的湿面包表面富有光泽，而且有些小气泡。它的保质期很长，虽然刚入口没什么味道，却会越嚼越香。

德式啤酒面包

Bierbrot

* 区域：德国
* 主要谷物：黑麦、小麦
* 发酵方法：酸种、酵母
* 应用：主食

材料（3个份）

酸种 ※1

小麦粉 1050……1000g

黑麦粉 1150……1000g

啤酒……1400g

盐……45g

鲜酵母……60g

※1 酸种

小麦粉 550……250g

啤酒……150g

酵头……50g

制作方法

1 将酸种的材料混合均匀，发酵 18~20 小时。

2 将所有材料倒入揉面机中，揉 8 分钟左右。盖上盖子，发酵 30 分钟左右。

3 将面团分成 3 等份，每份都揉圆。盖上盖子，发酵 30 分钟左右。

4 在面团表面涂一些水（分量外），用工具戳出几个小孔。

5 放入 260℃的烤箱中，调成 220℃，烤 60~70 分钟。

提起德国饮料，大家最先想到的应该就是啤酒。啤酒不仅可以用来搭配面包，还可以用于制作美食。很久以前，德国人会将面包泡到剩下的啤酒中，煮成类似粥的食物。如今，他们仍然在炸鱼的裹粉中混入啤酒。

啤酒还可以用来制作面包。制作德式啤酒面包时，会使用各种各样的啤酒，这些啤酒大多是本地生产的。比起用味道寡淡的啤酒，用麦芽浓度高的啤酒做出的面包会更香。大家也可以尝试将几种啤酒混合起来使用。小麦粉和黑麦粉的比例也可以自己调整，只要多多尝试，就能做出独一无二的啤酒面包。

在德国，啤酒又被称为“液体面包”。对于德国人来说，啤酒不但是休闲饮品，还是重要的营养来源。面包和啤酒都是用谷物制成的，在中世纪，每个德国家庭都会自己酿造啤酒。可以说，啤酒是德国人生活中不可或缺的一部分。

将啤酒和面包结合到一起的德式啤酒面包，是德国最具代表性的面包之一。

德式焦面面包

Gersterbrot(Gerstelbrot)

* 区域：德国北部的汉诺威及周边、不莱梅
* 主要谷物：黑麦、小麦
* 发酵方法：酸种
* 应用：主食、制作三明治

材料（5个份）

酸种[※1]

黑麦粉……1200g

小麦粉……512.5g

鲜酵母……37.5g

盐……50g

水……950g

※1 酸种

黑麦粉 1150……800g

水……640g

酵头……80g

制作方法

1. 将酸种的材料混合均匀，在26℃下发酵16~20小时。
2. 将所有材料倒入揉面机中，低速揉8分钟。盖上盖子，发酵20分钟。
3. 将面团分成5等份，每份都揉成椭圆状。在面团表面涂一些水（分量外），用喷火枪等工具烘烤表面。放入长方形模具中，发酵30~40分钟。

   ※ 烘烤表面时，烤至出现斑点一样的痕迹就可以了。
4. 放入开了蒸汽的280℃的烤箱中，调成200℃，烤60分钟左右。

大麦面包（Gerstenbrot）（P56）名称中的Gerste，跟Gerster这个词很像，但意思却完全不同。Gerste是大麦的意思，而Gerster则来源于gerstern（或gersteln）这个动词。Gerstern指用明火烘烤面包表面。可见，这款面包跟大麦完全没有关系，它的材料中也没有大麦。

这款面包本来是用柴火窑烤制的，它的表面直接接触火焰，因此会有焦痕。现在一般用喷火枪灼烧表面的方法来给面包上色。另外，以前会在面包表面涂猪油后再进行烘烤，这样面包就会有一种特殊的焦香，而现在则只是涂一些水。

这个面包的最大特征就是表面烘烤出的斑点。颜色焦黑的斑点，乍看上去有些奇怪，却能勾起人们想品尝它的欲望。

根据格林兄弟编写的《德语大辞典》，gersteln的意思是“用稻草制成的刷子蘸一些水（掺入一些蛋白），涂到面包表面，这样烘烤后的面包就会呈现诱人的色泽”。焦面面包的焦边真的很能勾起食欲呢。

杂粮面包
Mehrkornbrot

✶ 区域：德国　✶ 主要谷物：黑麦、小麦
✶ 发酵方法：酸种、酵母　✶ 应用：主食、制作三明治

材料（1个份）

黑麦酸种 ※1……200g
小麦酸种 ※2……200g
汤种 ※3
黑麦全麦粉……100g
小麦全麦粉……100g
黑麦麦芽……5g
鲜酵母……5g

※1　黑麦酸种
黑麦粉 1150……100g
水……100g
酵头……20g

※2　小麦酸种
小麦粉 1050……100g
水……100g
酵头……20g

※3　汤种
5 种粗粒（中磨）谷物……100g
7 种混合谷物粉……50g
水……150g
盐……10g

制作方法

1 将黑麦酸种和小麦酸种的材料分别混合均匀，盖上盖子，在 22~23℃下发酵 16~18 小时。
2 制作汤种。将水烧至沸腾，倒入其余材料，静置 5 小时以上。
3 将所有材料倒入揉面机中，用低速揉 10 分钟、中速揉 5 分钟。醒 30 分钟。
4 将面团擀开，折叠成平整的正方形面块。将其中一边沿距边 1/3 处折叠，再将对面的边折叠到上面。轻轻滚动面团，调整整体造型，将接合处朝下放到发酵篮里，发酵 45~60 分钟。
5 将面团放入充满蒸汽的 250℃的烤箱中烘烤 15 分钟，排出蒸汽，调成 210℃，继续烤 25 分钟。

Tip

如图所示，在面包表面裹上亚麻籽、芝麻和瓜子仁，这样看上去更能激发食欲，而且味道也更香。面团可以直接烘烤，也可以先分成 2 等份再烘烤。

Mehr等同于英语中的more，korn是指谷物。制作这款面包时，要加入多种谷物，例如黑麦粉、小麦粉、麸皮、斯佩尔特小麦、大麦、燕麦、大米等。除此之外，还会使用亚麻籽、芝麻、瓜子仁等，这是一款营养丰富的面包。

就像日本非常推崇养生的糙米一样，德国也将这款杂粮面包视作最养生的主食。它的标准是最少使用3种谷物，其中至少1种面包用谷物，至少1种其他谷物，且每种谷物的用量占总量的5%以上。

这款杂粮面包不但有益于健康，也非常美味。面包上的各种粗粒谷物看起来很诱人，实际吃的时候口感也很好。

这款面包有很多不同的配方，有人会用酪乳代替水分，有人会将胡萝卜磨碎加入其中。它适合搭配奶酪这类蛋白质丰富的食物，再搭配一些蔬菜，营养就非常均衡了。

四种谷物面包
Vierkornbrot

✶ 区域：德国
✶ 主要谷物：黑麦、小麦
✶ 发酵方法：酸种、酵母
✶ 应用：主食、制作三明治

材料（1个份）
泡发谷物 ※1
小麦粉550……134g
小麦全麦粉……107g
黑麦全麦粉……27g
水……107g
亚麻籽油……14g
鸡蛋……1个
鲜酵母……7g
燕麦片……适量

※1 泡发谷物
大片燕麦片……32g
亚麻籽……32g
小麦麸皮……21g
粗粒小麦粉……21g
水……134g
盐……8g

制作方法
1 将泡发谷物的材料混合均匀，静置2小时以上。
2 将除燕麦片以外的所有材料倒入揉面机中，用最低速度揉3分钟，再用高一挡的速度揉3分钟，揉成产生面筋的程度。放入冰箱冷藏室醒10~12小时，期间要拿出2~3次，给面团排气。
3 揉成棒状，放入撒了燕麦片的模具中。再在面包表面撒上一些燕麦片，在室温下发酵60~90分钟。
4 放入开了蒸汽的250℃的烤箱中，烤20分钟。

Vier是“4”的意思，这是一款用4种谷物制成的面包。杂粮面包（P38）也使用了多种谷物，但是对于使用谷物种类的数量没有要求。

四种谷物面包的定义跟杂粮面包一样，也是至少使用1种面包用谷物，1种其他谷物，且每种谷物的用量占总量的5%以上。谷物种类包括黑麦、小麦、斯佩尔特小麦、大麦、燕麦、大米等。燕麦一般压成片状使用。

如果不喜欢谷物过于丰富的面包，可以选择混入3种谷物的面包，或者这款四种谷物面包。

全黑麦面包

Roggenschrotbrot

* 区域：主要分布于德国北部
* 主要谷物：黑麦
* 发酵方法：酸种
* 应用：主食、制作三明治

材料（1个份）

酸种 ※1

汤种 ※2

黑麦粉 1370……250g

热水（100℃）……75g

※1 酸种

黑麦全麦粉……175g

水（50℃）……175g

盐……4g

酵头……35g

※2 汤种

粗粒黑麦（中磨）……75g

热水（100℃）……150g

盐……9g

制作方法

1 将酸种的材料混合均匀，在室温（20~22℃）下发酵 12~16 小时。

2 制作汤种。将汤种的所有材料混合，盖上保鲜膜，在室温下静置 8~16 小时。

3 将汤种和热水混合，加入其他材料，然后揉成有黏性的面团（面团温度约为 29℃）。在室温下醒 30 分钟。

4 将面团揉圆，然后放到长方形模具中。在室温下发酵 60 分钟。

5 放入不打开蒸汽开关的 250℃的烤箱中，调成 220℃，烤 55 分钟左右。

Tip

如图示，在面包表面切出两道刀口，也可以将面团分成 2 等份后烘烤。

schrot是“粗粒面粉”的意思。粗粒面粉分硬质面粉和软质面粉两种，硬质面粉的粉状物较少，而且麦粒的切面比较尖锐。软质面粉的粉状物较多，麦粒的切面比较圆滑。在这个基础上，面粉还根据磨碎的程度分为4种类型（细磨、中磨、粗磨、极粗磨），每种类型可以单独使用，也可以混合在一起使用。

制作面包用的粗粒面粉，有时还会被称为“Backschrot”。按照德国面粉的分类方式，粗粒小麦粉大概是1700号，粗粒黑麦粉大概是1800号（P190）。粗粒面粉中不含胚芽，所以算不上全麦粉。含有胚芽的全麦粉是全粗粒面粉。胚芽含有一定的油分，因此使用含胚芽面粉制作出的面包，保存时间较短。粗粒面粉使用起来比较简单，用的人也比较多，不过，最近使用全粗粒面粉的人也日渐增多。

粗粒面粉中不但富含纤维素，也有很多矿物质和必需脂肪酸，是公认的健康食材之一。

粗粒黑麦粉是制作全黑麦面包和德式黑面包（P42）必不可少的材料。

葛拉翰全麦面包
Grahambrot

✶ 区域：德国
✶ 主要谷物：小麦、黑麦等
✶ 发酵方法：酸种
✶ 应用：主食、制作三明治

材料（1个份）
酸种 ※1
粗粒小麦粉（细磨～中磨）……565g
温水①（45℃）……200g
温水②（30℃）……200g
盐……15g

※1 酸种
粗粒小麦粉（细磨～中磨）……150g
水（45℃）……150g
酵头（被多次加热至温热激发活性）……75g

制作方法
1 将酸种的材料混合均匀，在27~28℃下发酵3~4小时，然后在5℃下静置5~12小时。
2 将酸种、粗粒小麦粉和温水①倒入揉面机中，用低速挡揉15分钟。加入温水②和盐，用快速挡揉8分钟，揉成柔软而有弹性的面团（面团温度约为27℃）。
3 在27~28℃下发酵2小时左右。发酵到60分钟时，将面团擀开，再折叠。
4 将面团放入模具中，在27~28℃下发酵90~120分钟。
5 放入开了蒸汽的230℃的烤箱中，调成180℃，烤60分钟左右。

Tip
也可以将面团分成2等份后烘烤。

Graham是英文，用英文命名的面包在德国很少见。这是以美国传教士席维斯特·葛拉翰的名字（Sylvester Graham）命名的面包。大家可能听说过葛拉翰饼干（Graham Crackers），它也是以席维斯特·葛拉翰的名字命名的。这位传教士一直致力于传播各种营养理论，同时活跃于素食主义运动。

席维斯特·葛拉翰提倡食用含有麸皮的全麦面包，他认为全麦面包比当时被当做高级食品的白面包要健康很多。1829年，他研制出这款用小麦全麦粉制成的全麦面包，不加酵母和酸种，而是进行自然发酵，很适合肠胃不好的人食用。

品尝这款面包时，可以享受全麦粉特殊的香味和口感。它的质地很柔软，也很适合不喜欢吃硬面包的人。

德式黑面包

Schwarzbrot

* 区域：主要分布于德国北部和其他地区
* 主要谷物：黑麦
* 发酵方法：酸种
* 应用：主食

材料（1个份）

酸种 ※1

杂粮汤种 ※2

黑麦粉 1150……113g

小麦粉 1050……70g

斯佩尔特小麦粉 1050……110g

盐……8g

鲜酵母……9g

※1 酸种

黑麦粉 1150……163g

水……177g

酵头……20g

※2 杂粮汤种

斯佩尔特小麦粒……70g

黑麦粒……70g

陈面包……36g

黑麦麦芽……10g

植物油……11g

热水……180g

制作方法

1 将酸种的材料混合均匀，在22~26℃下发酵14~16小时。
2 制作杂粮汤种。将斯佩尔特小麦粒、黑麦粒和热水倒入锅中，盖上盖子，煮10分钟。加入其他材料，醒14~16小时。
3 将所有材料倒入揉面机中，用低速挡揉3分钟，再用中速挡揉3分钟。醒45分钟。
4 将面团揉成椭圆状，然后用擀面杖等工具放在中部向下按压。
5 将两侧的面团沿中央的凹陷处折叠，然后接合处朝下放到发酵篮里，在26℃下发酵50分钟。
6 放入250℃的烤箱中，烤45分钟左右。刚开始的15分钟要打开蒸汽开关，然后关上蒸汽开关，调到230℃继续烘烤。

德国有个美丽的自然景区——黑森林（Schwarzwald）。这片区域树木茂密，遮天蔽日，因此得名黑森林。

Schwarz在德语中是“黑色”的意思，所以Schwarzbrot就是黑面包。黑面包不但表面是黑色的，里面也是黑色的。它是盛产黑麦的德国北部的代表性面包之一。

德式黑面包是指黑麦含量很高的面包，但在德国北部之外的区域，人们将黑麦粉和小麦粉以1∶1混合制成的面包（P186）也称为德式黑面包。由于提高了小麦粉占比，这种面包看起来不是很黑。

现在给大家介绍的配方，使用的材料是黑麦粉、斯佩尔特小麦、黑麦粒等。这种类型的面包，推荐大家切成薄片食用。吃起来湿润而有颗粒感，口感非常棒。它跟火腿、奶酪等也很搭，切成薄片后放上其他食材，慢慢咀嚼、品尝，就能体会这款面包的美味了。

莱茵黑面包

Rheinisches Schwarzbrot

- ✶ 区域：主要分布于德国西部的莱茵地区
- ✶ 主要谷物：黑麦
- ✶ 发酵方法：酸种
- ✶ 应用：主食、制作三明治

材料（1个份）

酸种 ※1

黑麦汤种 ※2

杂粮汤种 ※3

粗粒黑麦（粗磨）……250g

非活性麦芽糖浆……25g

盐……8g

热水（100℃）……125g

※1 酸种

粗粒黑麦（粗磨）……250g

热水（50℃）……250g

酵头……50g

盐……5g

※2 黑麦汤种

粗粒黑麦（中磨）……125g

热水（80℃）……125g

活性麦芽粉……5g

※3 杂粮汤种

黑麦粒……95g

水……190g

制作方法

1. 将酸种的材料混合，在室温下发酵12~16小时。
2. 制作黑麦汤种。将材料混合均匀，盖上盖子，在65℃下搅拌4小时以上（盖上盖子，放入温热的烤箱中，不时拿出搅拌）。在表面盖上保鲜膜，放到一旁静置，待其冷却到室温。
3. 制作杂粮汤种。将黑麦粒和水倒入锅中，盖上盖子在火上加热，煮60分钟左右，使水分充分蒸发。
4. 将热水和黑麦汤种混合（温度约为30℃），跟其他材料一起倒入揉面机中，用最低速揉30分钟。在室温下醒20~30分钟。
5. 用最低速继续揉30分钟（面团温度约为26℃）。
6. 将面团揉成较粗的棒状，放入约22cm×10cm×9cm的模具中。连同模具一起放入烤箱袋中，密封好，在20℃下发酵2小时。当面团膨胀至模具边缘、表面裂开时，发酵完成。
7. 放入不开蒸汽的200℃烤箱中，调到160℃，烤3小时30分钟至4小时。

Tip

烤好后至少等2天后再切开。也可以将面团分成2等份后再烘烤。

德国各地都有自己独特的黑面包（Schwarzbrot），这里介绍的是德国西部莱茵地区的黑面包。它的特点是完全用粗粒黑麦制作。揉面时间长达30分钟，烘烤时也要用低温慢慢烤熟。虽然很花时间，却能做出非常好吃的面包。

食用时可以切成薄片，放上奶酪和不含盐的火腿，搭配起来非常美味。带有颗粒感的粗粒黑麦，口感也很棒。

威斯特法伦无糖面包

Westfälischer Bauernstuten

★ 区域：主要分布于德国西部的威斯特法伦地区
★ 主要谷物：黑麦、小麦
★ 发酵方法：酸种、酵母
★ 应用：主食

材料（1个份）

酸种[※1]

中种[※2]

黑麦粉 1150……150g

小麦粉 1050……150g

水……155g

干酵母……1g

盐……10g

※1 酸种

黑麦粉 1150……100g

水……100g

酵头……20g

※2 中种

小麦粉 1050……100g

水……70g

干酵母……1 小撮

制作方法

1 将酸种和中种的材料分别混合，在室温下静置 20 小时。
2 将所有材料倒入揉面机中，用低速挡揉 15 分钟。
3 醒 30 分钟，折叠面团。接着反复折叠，然后再醒 30 分钟。
4 给面团造型，放入撒了小麦粉（分量外）的发酵篮中，发酵 60 分钟。
5 在面团表面涂一些水（分量外），切出几道刀口，放入开了蒸汽的 250℃烤箱中。15 分钟后排出蒸汽，调成 180℃，烤 30 分钟。

威斯特法伦地区有很多黑麦制成的面包，除了粗黑麦面包（P46），最具代表性的就是这款威斯特法伦无糖面包了。

stuten指的是用酵母面团发酵而成的大型糕点面包。这种面包不像酵母辫子面包（P152）那样需要做出复杂的造型，它的外形简单质朴。在普通大型糕点面包中加一些葡萄干（Rosinen）就是葡萄干糕点面包（Rosinenstuten），加一些黄油（Butter）就是黄油糕点面包（Butterstuten）。

不过，大型糕点面包并不只是甜味面包，也有一些不甜的特例，比如这款威斯特法伦无糖面包，还有同样产自威斯特法伦地区的慕思兰德无糖面包（Müunsterländer Bauernstuten）。

这些面包在制作时不加糖，用黑麦粉和小麦粉制成，其中黑麦粉和小麦粉的配比是1:1，这是德国流传最广泛的配方。

其实，威斯特法伦地区还有一种需要加砂糖和牛奶的普通大型糕点面包，人们很容易混淆这2种面包。它不但能当早餐或零食，还能搭配各种料理一起食用。

粗黑麦面包

Pumpernickel

- 区域：主要分布于德国西部的威斯特法伦地区
- 主要谷物：黑麦
- 发酵方法：酸种
- 应用：早餐、晚餐、零食

材料（1个份）

酸种 ※1

汤种 ※2

面包糊 ※3

粗粒黑麦（细磨）……220g

甜菜糖浆……20g

鲜酵母……10g

水……40g

※1 酸种

粗粒黑麦（中磨）……110g

水……110g

酵头……10g

※2 汤种

粗粒黑麦（中磨）……325g

粗粒黑麦（粗磨）……435g

盐……14g

热水（加热至沸腾）……660g

※3 面包糊

黑麦面包 / 粗黑麦面包（磨成碎）……32g

热水……32g

制作方法

1. 将酸种的材料混合，在室温下发酵18~22小时。
2. 制作汤种。将材料混合，冷却后放入冰箱冷藏6~8小时。
3. 制作面包糊。将材料混合，在低温下静置几小时，充分泡发。
4. 将所有材料倒入揉面机中，用低速挡揉20分钟。附着在盆壁上的面块也要仔细刮下，放入面团中。在24℃下醒30分钟。
5. 用低速挡继续揉20分钟。
6. 将面团放入模具（22cm×10cm×9cm）中，在表面涂一些水（分量外），压上重物。在24~26℃下发酵60分钟左右。
7. 放入开了蒸汽的105℃烤箱中，烤18小时。

Tip

烤好后要放置1~2天后再食用。也可以将面团分成2等份再烘烤。

这款备受威斯特法伦地区人们喜爱的粗黑麦面包，不仅外表特殊，制作方法也非常独特。它本来是用黑麦全麦粉和粗粒黑麦制成的，但现在粗粒黑麦要占90%以上。黑麦在使用前要用水充分泡发，有时也会用黑麦粉。这款粗黑麦面包诞生于1570年前后，历史非常悠久。

粗黑麦面包的烘烤时间长达18小时，所以保质时间也非常长，这是它最大的特征。很多人都认为面包一定要在短时间内吃完，但这却不适用于粗黑麦面包。一般情况下，粗黑麦面包可以保存几个月左右，如果放入罐子等密封容器里，甚至可以保存2年之久。

粗黑麦面包颜色黝黑，这是因为黑麦中的糖分在烘烤过程中慢慢焦糖化，产生特殊的甜味、香味和颜色。

关于这款面包的名字，有多种解释，目前还没有定论。其中一种说法是Pumpernickel来源于Bompurnickle（意思是“粗鲁的人”）这个词；另一种说法是来源于当地的方言；还有说法是它来源于拉丁语中的Bonum panicum（意思是“好面包”）或中世纪代表恶魔的词；还有的说它是由一个名叫Nikolaus Pumper的人发明的，等等。这种众说纷纭的情况，也从侧面证明了粗黑麦面包长久以来一直受人喜爱。

威斯特法伦面包博物馆中有关粗黑麦面包的介绍。

做成粗黑麦面包片形的木板，上面写着有关面包的谚语。

Pumpernickel
粗黑麦面包

这款粗黑麦面包含有丰富的纤维素、矿物质和蛋白质，在德国是公认的健康食品。制作时用颗粒状的黑麦代替面粉，吃的时候要细细咀嚼，这样更能体会出这款面包的美味。

粗黑麦面包的质地较硬，一般会切成薄片食用。它既可以当主食，也可以制作成开放式吐司等零食。除此之外，粗黑麦面包还有很多有趣的吃法，比如捣碎后混入冰激凌，或是做成烤制面包干。它的保质时间很长，可以在家里备上一些，来尝试各种吃法。

市面上售卖的片状粗黑麦面包，食用起来非常方便。

照片来源：休格尔面包店

照片来源：休格尔面包店

照片来源：休格尔面包店

1. 接下来要进行长时间的低温烘烤。德国的大型面包店一般用比照片中长一些的模具烘烤。2. 烤好后从模具中拿出的粗黑麦面包。3. 刚从模具中拿出的面包，还冒着热气。冷却后静置 1~2 天，吃起来口感最好。

燕麦面包
Haferbrot

✶ 区域：德国
✶ 主要谷物：燕麦、小麦、黑麦
✶ 发酵方法：酸种、酵母
✶ 应用：主食

材料（2个份）
黑麦酸种 ※1
汤种 ※2
小麦粉 1050……100g
小麦粉 550……150g
水……150g
烤麦芽……10g
粗粒小麦麦芽……10g
鲜酵母……5g
盐……10g

※1 黑麦酸种
黑麦粉 1370……150g
水……110g
酵头……8g

※2 汤种
燕麦片（较大片）……200g
粗粒小麦粉……100g
水……300g

制作方法
1 将黑麦酸种的材料混合均匀，在室温下发酵 12~16 小时。
2 制作汤种。将水烧至沸腾，加入燕麦片和粗粒小麦粉，搅拌均匀。静置 1 小时以上，待其充分泡发。
3 将所有材料倒入揉面机中，用最低速度揉 6 分钟，醒 3~4 小时。每隔 1 小时将面团翻面。
4 将面团分成 2 等份，粗略整形。醒 20 分钟后，进行最后的造型。放入发酵篮里，在室温下发酵 30~60 分钟。
5 放入开了蒸汽的 250℃的烤箱中，调成 220℃，烤 45 分钟。

Tip
如图所示，在面团表面涂上水，撒上燕麦片，再切开面包，烤出的样子非常美。

Hafer在德语中是燕麦的意思。从很久以前，日耳曼人就开始种植燕麦，燕麦在他们心中是非常珍贵的食材。近些年来，德国人一直将燕麦当做仅次于黑麦的主要谷物。德国有Hafer这个姓氏，这也从侧面证明了燕麦在他们心中的重要地位。

燕麦含有很多纤维素，只有少量的麸质，是一种很适合对麸质过敏者的食材。其实燕麦不太适合单独用来做面包，所以要将它跟小麦、黑麦等谷物混合后使用，可以直接用压成片状的燕麦片混合谷物做面包。有些配方会用燕麦片制作酸种，然后再在面团表面撒些燕麦片烘烤。

在面团表面撒一层燕麦片，再将面团从中央切开，这样面包看起来会很诱人。德国有3种燕麦片，分别是大燕麦片、小燕麦片、即溶燕麦片（磨成粉状），它们各自有不同的用途。

斯佩尔特小麦面包

Dinkelbrot

- ✶ 区域：主要分布于德国南部
- ✶ 主要谷物：斯佩尔特小麦
- ✶ 发酵方法：酸种、酵母
- ✶ 应用：主食、制作三明治

材料（1个份）

斯佩尔特小麦酸种 ※1

汤种 ※2

泡发斯佩尔特小麦 ※3

斯佩尔特小麦粉 1050……170g

鲜酵母……4g

水……50g

※1 斯佩尔特小麦酸种

全麦斯佩尔特小麦粉……170g

水……170g

酵头（斯佩尔特小麦或小麦酸种）……17g

※2 汤种

粗粒斯佩尔特小麦粉（中磨）……85g

水……85g

盐……10g

※3 泡发斯佩尔特小麦

斯佩尔特小麦……100g

水……200g

制作方法

1. 将斯佩尔特小麦酸种的材料混合均匀，在室温下发酵 16~18 小时。
2. 制作汤种。将水烧至沸腾，倒入粗粒斯佩尔特小麦粉和盐。搅拌均匀后，放到冰箱里静置 8 小时以上。
3. 泡发斯佩尔特小麦。将材料倒入锅中，盖上盖子，煮 30 分钟左右，让斯佩尔特小麦充分吸收水分。
4. 将所有材料倒入揉面机中，用最低速度揉 5 分钟，再用高一挡的速度揉 10 分钟。揉到不会粘连盆壁的程度即可。醒 60 分钟左右。
5. 稍微揉一下面，放入长方形模具中，然后放到温暖的环境发酵 60 分钟左右。
6. 放入开了蒸汽的 250℃的烤箱中，烤 10 分钟左右。关掉蒸汽，调成 200℃，烤 50~60 分钟。

Dinkel指的是斯佩尔特小麦（P55）。斯佩尔特小麦在德国是很常见的谷物，它是现代小麦的原种，欧洲从很久以前就开始种植了。它在德国被称为“Dinkel”，在意大利被称为“Farro”，在瑞士被称为“Spelz”。

斯佩尔特小麦还有很多别名，比如Spelt、Fesen、Vesen、Schwabenkorn等。Schwaben指的是德国施瓦本地区，以施瓦本为首的巴伐利亚州各地区是德国最大的斯佩尔特小麦种植地。

斯佩尔特小麦有很多优点，但用起来却不是很方便，所以实际应用比较少。斯佩尔特小麦中含有一种名叫麦醇溶蛋白的成分，它与小麦中的谷蛋白有很大区别。麦醇溶蛋白能让面团更光滑，却不像谷蛋白那样有黏着力。因此，用斯佩尔特小麦做出的面团虽然细腻光滑，却很难塑形。而且如果过分揉捏，面团就会裂开。

另外，用斯佩尔特小麦制成的面包或糕点，比用小麦或黑麦制成的更易干燥和变硬。不过，如果用它来做汤种或酸种，就能增加湿度。

用斯佩尔特小麦制成的面包和糕点比较紧实，需要用力咀嚼。在德国，斯佩尔特小麦被视作健康谷物，特别是崇尚有机食品的人群，一直对它喜爱有加。它有一种特殊的香味，而且会越嚼越香。

市面销售的 1050 号斯佩尔特小麦。

斯佩尔特小麦黄米面包

Dinkel-Hirse-Brot

* 区域：德国南部
* 主要谷物：斯佩尔特小麦
* 发酵方法：酸种
* 应用：主食

材料（5个份）

酸种 ※1

泡发黄米 ※2

斯佩尔特小麦粉 630……1375g

酸奶……200g

盐……57.5g

鲜酵母……7g

水……1000g

※1 酸种

斯佩尔特小麦全麦粉……562.5g

斯佩尔特小麦片……562.5g

水……112.5g

酵头……50g

※2 泡发黄米

黄米……500g

热水……1250g

制作方法

1 将酸种的材料混合均匀，在室温下发酵 12~15 小时。

2 泡发黄米。将黄米倒入热水中，煮 10 分钟左右，直到水分完全蒸发。

3 将所有材料倒入揉面机中，用低速挡揉 8 分钟。发酵 30 分钟。

4 将面团分成 5 等份，每份面团都揉圆。放入模具中，盖上盖子，发酵 50 分钟左右。

5 放入有少量蒸汽的 260℃烤箱中，调成 230℃，烤 40~45 分钟。

这是用斯佩尔特小麦和黄米制成的面包。

在日本，黄米是从古代流传下来的五谷之一，但除了平时习惯吃杂粮的人，一般很少有人食用黄米。

很久以前，黄米从亚洲传入欧洲，之后慢慢流传开来。黄米的德语单词Hirse来源于古德语Hirsa。据说，在古罗马时期，黄米曾广泛种植于欧洲各地，古罗马人会用它做面包和粥。

中世纪时，黄米是欧洲中部的主要粮食之一，用它制成的面包被称为“穷人的面包”。但随着时代变迁，欧洲中部开始大范围种植土豆，南部开始种植玉米，黄米的栽培量大大减小。

黄米中不含麸质，即使磨成粉也不适合做面包，所以一般是保持颗粒状，直接混入其他谷物中。不过，黄米口感很棒，而且营养丰富。它含有大量的铁、镁、硅等元素。现在随着大家饮食观念的改变，黄米这种在古代很常见的谷物，将来应该会越来越受重视吧。

斯佩尔特小麦黄米面包使用的两种谷物都是公认的健康食材。由此可见，这款面包也会越来越受公众喜爱。

市面上销售的黄米。除了面包，它还可以用来做汤或杂粮粥。

斯佩尔特全麦面包

Dinkelvollkornbrot

- ✶ 区域：德国南部
- ✶ 主要谷物：斯佩尔特小麦
- ✶ 发酵方法：酸种
- ✶ 应用：主食、制作三明治

材料（1 个份）

黑麦酸种 ※1

汤种 ※2

白奶酪……235g

水……60g

斯佩尔特小麦全麦粉……435g

※1 黑麦酸种

黑麦全麦粉……200g

水（40℃）……200g

盐……4g

酵头……40g

※2 汤种

斯佩尔特小麦全麦粉……35g

水……165g

盐……9g

制作方法

1. 将黑麦酸种的材料混合均匀，在 20℃下发酵 22~24 小时。
2. 制作汤种。将材料倒入锅中，边搅拌边加热，沸腾后加热 1~2 分钟，关火并继续搅拌，直到变成黏稠的状态。盖上盖子，在冰箱冷藏 4~12 小时。
3. 将所有材料倒入揉面机中，用最低速度揉 8 分钟，再用高一挡的速度揉 3 分钟，揉成略硬的面团。揉到不会粘连盆壁的程度即可（面团温度约为 26℃）。
4. 在 24℃下发酵 5 小时 30 分钟。每隔 30 分钟，将面团拿出折叠揉捏 1 次。
5. 将面团揉圆，接合处朝上放置，发酵 45 分钟。
6. 放入开了蒸汽的 280℃烤箱中，调成 200℃，烤 75~80 分钟。

Tip

白奶酪是德国最常见的奶酪之一。如果买不到，可以用无水酸奶代替。面团也可以分成 2 等份后烘烤。

这是用斯佩尔特小麦全麦粉制作的面包。Vollkornbrot是指全麦面粉占总量90%以上的面包。所以Dinkelvollkornbrot就是斯佩尔特小麦全麦粉占总量90%以上的面包。

修女圣希尔德加德·冯·宾根生于12世纪，是著名的博物学家，她被称为德国药草学的始祖。圣希尔德加德在她的著作中留下了一句话——“斯佩尔特小麦是最好的谷物，它对任何人都是有益的”。如今，人们认识到斯佩尔特小麦比普通小麦营养更丰富，健康意识比较高的人都对它喜爱有加。

这款全麦面包只用了斯佩尔特小麦一种谷物，却让人百吃不腻。有时也会加一些瓜子仁，味道丰富的斯佩尔特小麦跟种子类食材很搭。

专栏 2

什么是斯佩尔特小麦？

近年来备受关注的
健康又美味的原种谷物

面包店里随处可见用斯佩尔特小麦制成的面包。这些面包味道和口感都很独特。

在德国，很多谷物都可以用来制作面包（P188）。除了最普遍的小麦，还有黑麦、燕麦，以及日本传统的五谷。其中有一种谷物在近几年备受关注。

那就是斯佩尔特小麦。如今，斯佩尔特小麦在日本也渐渐流行起来，但仍属于不为公众熟知的谷物。下面就给大家介绍一下斯佩尔特小麦。

什么是斯佩尔特小麦？

斯佩尔特小麦是一种很古老的谷物，可以追溯到9000年以前的欧洲，据说它是现代小麦的原种。原种是指未经人工干预的品种。这是它最显著的特征之一。

跟大多数原种作物一样，斯佩尔特小麦具有收获率低和谷壳较厚的特点。为此，人们对它进行了改良，研制出了收获率高且比较稳定的现代小麦。这虽然是件好事，但从食品健康和安全角度来看，原种的价值越来越受人们认可。斯佩尔特小麦就是近年备受关注的原种谷物之一。

无论在多么恶劣的环境中，斯佩尔特小麦都能茁壮地生长，它厚厚的谷壳能保护谷粒不被污染物和害虫侵蚀。也就是说，种植斯佩尔特小麦几乎可以不用化学肥料和除草剂、杀虫剂等农药。

另外，不容易引起人们过敏也是斯佩尔特小麦备受关注的原因之一。虽然斯佩尔特小麦含麸质，但研究证明，有80%以上的对小麦过敏人群可以安心食用斯佩尔特小麦。斯佩尔特小麦对于对麸质过敏人群来说，它是非常棒的食材。

做出的面包味道非常独特

除了健康，斯佩尔特小麦还有特殊的香味和口感。用它做出的面包会越嚼越香，这种天然的香味俘获了很多人。

斯佩尔特小麦粉有很强的水合性，加入水，轻轻揉几下就能形成面筋，也只需普通小麦粉一半的搅拌时间，操作起来非常省力。

因为具有这种特性，斯佩尔特小麦不适合用来制作蓬松柔软的面包，更适合制作硬质面包。

小型斯佩尔特小麦面包。它的营养价值很高，还可以用于制作德式杂粮粥等料理。

大麦面包

Gerstenbrot

✶ 区域：主要分布于德国南部和奥地利、瑞士等地
✶ 主要谷物：黑麦、大麦
✶ 发酵方法：黑麦酸种
✶ 应用：主食

材料（2个份）
大麦全麦粉……250g
小麦全麦粉……300g
小麦粉1050……1050g
盐……30g
鲜酵母……42g
水……1L
油……20g
大麦……适量

制作方法
1 将所有材料混合，揉10分钟左右。发酵50分钟左右。
2 将面团分成2等份，再分别切成2等份，揉圆。将其中2个圆团放入模具中。发酵20分钟左右。
3 在面团表面撒一些大麦，放入250℃的烤箱中，调成200℃，烤60分钟左右。

Gerste在德语中是“大麦”的意思，这是一款用大麦制成的面包。大家可能认为它所含的大麦比例很高，其实不然。大麦麸质含量低，而且很难磨成粉，制作面包时只能当做附属材料。

因此，大麦面包中大麦占总量的20%及以上。跟大麦一起使用的谷物可以是小麦，或是小麦和黑麦的混合谷物。

将压成片状的大麦混入面团中，烤出的面包口感非常棒。片状大麦还很适合做汤种，这样能中和大麦的苦味。大麦也常被撒在面包表面，这样一眼就能看出是这是大麦面包了。

市面上销售的粒状大麦。可以像大米一样蒸熟，或用于制作各种美食。

市面上销售的片状大麦。可以当速食麦片直接食用。

市面上销售的大麦麦芽精。可以直接涂到面包上吃，也可以当做甜味剂使用。

黑小麦面包

Triticalebrot

* 区域：德国
* 主要谷物：黑小麦
* 发酵方法：酸种
* 应用：主食

材料（2个份）

中种[※1]

黑小麦……360g

黑麦粉 1150……50g

小麦粉 550……415g

剩面包……175g

麦芽……40g

盐……22g

鲜酵母……17.5g

水……635g

※1 中种

黑小麦粉……230g

黑麦粉 1150……50g

剩面包（剩的黑麦面包）……30g

酸种……10g

水……260g

制作方法

1. 将中种的材料混合的，揉捏均匀后醒 16~18 小时。
2. 将所有材料倒入揉面机中，用低速挡揉 5 分钟，再用高一挡的速度揉 6 分钟。
3. 揉好后立刻分成 2 等份，将两个面团分别揉成椭圆，放入模具中。在 28℃下发酵 90 分钟。
4. 放入开了蒸汽的 260℃烤箱中，调成 220℃，烤 50 分钟左右。

这是用“黑小麦”制成的面包。黑小麦这个名字听起来可能比较陌生，其实解释起来很简单，它是由黑麦和小麦杂交而成的品种，黑麦为父本，小麦为母本。黑小麦的德语名是“Triticale”，它是由小麦的学名Triticum aestivum L.和黑麦的学名Secale cereale L.组成的。如果将小麦和黑麦亲本的性别调换，杂交出的谷物学名为Secalotricum。

黑小麦是19世纪杂交出的品种，从30年代才开始栽培，是一种新谷物。目前日本很少有人种植黑小麦，它属于非常稀有的品种。

作为母本的小麦使用起来很方便，且收获量极高。作为父本的黑麦在寒冷、贫瘠的地区也能茁壮生长。培育出的黑小麦兼具这两者的优点。

黑小麦在德国各地都可以种植。世界上黑小麦栽培量最高的国家是波兰，德国仅次其后（2013年）。一般肥沃的土地用于种植小麦，而贫瘠的沙地则种植黑麦，所以黑小麦主要种植在丘陵地带。

黑小麦的主要用途是做饲料，也会被用来制作面包和啤酒。只是很少单独被用于制作面包，一般是跟小麦和黑麦搭配制作。

“用黑小麦制成的面包保质期很长，而且有很浓的谷物香味”，很多德国的面包店都这样介绍。今后黑小麦的栽培量会慢慢增加，用它制作出的面包种类也会日渐丰富起来，以后会出现什么样的面包呢？真是令人期待。

麦芽面包

Malfa(-Kraftma)Brot

* 区域：德国东部的萨克森州
* 主要谷物：黑麦、小麦、大麦（麦芽）
* 发酵方法：酸种
* 应用：主食

材料（4个份）

泡发麦芽粉 ※1

黑麦粉 997/1150……435g

小麦粉 812……135g

酸种……620g

盐……18g

鲜酵母……18g

水……320g

※1 泡发麦芽粉

麦芽粉……100g

水（30℃）……100g

制作方法

1. 将泡发麦芽粉的材料混合，静置 30 分钟。
2. 将所有材料倒入揉面机中，用低速挡揉 4~6 分钟。
3. 将面团分成 4 份，揉成圆或椭圆。在表面撒一些干面粉（分量外），接合处朝下放到发酵篮里。
4. 发酵 45 分钟，将面团取出，接合处朝下放到台面上，在室温下继续发酵，直到表面产生像木头表面一样的裂纹。
5. 放入打开蒸汽的烤箱开始烘烤，几分钟后打开烤箱排出蒸汽，10 分钟后关上烤箱门烘烤。

Tip

烘烤温度和时间标准如下。

[烘烤温度] 不放入模具：从 250℃降到 200℃烘烤。放入模具中：从 260℃降到 200℃烘烤。

[烘烤时间] 不放入模具：1000g 约 70 分钟、750g 约 60 分钟、500g 约 50 分钟。

放入模具中：1000g 约 90 分钟、750g 约 80 分钟、500g 约 60 分钟。

这款面包的名字很有趣。Malfa是“Malzfabrik（麦芽工厂）”的缩写，所以它直译过来就是“麦芽工厂面包”。Malfa-Kraftma-Brot是它的另一个别名，Kraftma是“Kraftmalz（强力麦芽）”的缩写。配方中的麦芽粉是将浸泡过的大麦麦芽晾干，再磨成粉末制成的。这种麦芽粉占面包总量的10%。

麦芽面包是东德时期发明的。目前，一个公司将Malfa-Kraftma-Brot注册成了一个商标，他们负责生产麦芽面包专用的面粉，也有其他公司跟他们签约供货。

这款面包的颜色非常特别，是一种类似牛奶巧克力的茶色，这正是麦芽的颜色。麦芽面包还有很浓的香味，它最适合搭配的饮料，当然是麦芽啤酒了。

乳清面包
Molkebrot

* 区域：德国
* 主要谷物：黑麦、小麦、斯佩尔特小麦
* 发酵方法：酸种、酵母
* 应用：主食

材料（1个份）

酸种[※1]
中种[※2]
汤种[※3]
小麦粉 812……60g
小麦粉 550……60g
黑麦粉 1150……143g
黑麦麦芽……5g
鲜酵母……10g
乳清……130g

※1 酸种
黑麦粉 1150……50g
乳清……50g
酵头……5g

※2 中种
小麦粉 812……60g
乳清……60g
鲜酵母……0.5g

※3 汤种
粗粒黑麦（中磨）……60g
粗粒谷物（中磨）……90g
燕麦片……30g
盐……11g
乳清……200g

制作方法

1. 将酸种的材料混合均匀，在室温下醒16~18小时。
2. 制作中种。将中种的所有材料倒入揉面机中，揉5分钟左右，在室温下发酵2小时后，放入冰箱醒16~18小时。
3. 制作汤种。将乳清煮沸，倒入其他材料并搅拌均匀，静置3小时以上。
4. 将酸种、中种和乳清混合，用打蛋器搅拌均匀。
5. 与其他材料混合，用低速挡揉4分钟，再用高一挡的速度揉5分钟。醒30分钟。
6. 揉圆，放入撒了干面粉（分量外）的圆形发酵篮里，发酵50分钟。
7. 切出刀口（如图），放入不打开蒸汽开关的240℃烤箱中烘烤15分钟左右。然后调成180℃，继续烘烤30分钟左右。

Molke在德语中是“乳清”的意思。德国是个乳业很发达的国家，对于德国人来说，热量低、蛋白质丰富的乳清已经是很普遍的健康食品了。乳清可以用来制作饮料，还可以制作化妆品。面包中用的乳清主要是乳清液或乳清粉。近些年，德国人越来越有健康意识，因此出现了像蛋白质面包（Proteinbrot）、蛋白面包（Eiweißbrot）这样的新型面包。这两种面包有时也会加乳清。

制作这款面包时，液体可以只使用乳清，也可以将乳清和水混合使用。配方中的谷物也不是固定的，除了黑麦和小麦之外，还可以用斯佩尔特小麦。塑形时，可以做成圆形或椭圆形。

市面上销售的乳清。里面含有丰富的矿物质，可以当做健康饮料直接饮用。这种饮料有原味及水果味的。

南瓜籽面包

Kürbiskernbrot

* 区域：德国
* 主要谷物：小麦、黑麦等
* 发酵方法：酸种、酵母
* 应用：主食、制作三明治

材料（1个份）

面粉（黑麦全麦粉和小麦全麦粉各占一半）……300g
水……180mL
盐……1小匙
干酵母……1小匙
南瓜籽……适量

制作方法

1 制作中种。将100g面粉、100mL水和1/4小匙干酵母混合，揉均匀后，在10~15℃下醒12小时。
2 将剩余的面粉、水和干酵母加入中种里，用食物料理机搅拌7~10分钟，加入盐后，用低速挡搅拌2分钟。在阴凉处静置1~2小时，然后转移到25~30℃的温暖场所。
3 将膨胀起来的面团擀开，撒上部分南瓜籽，再折叠起来。放到温暖的环境发酵30分钟左右。
4 再次将面团擀开，撒上部分南瓜籽，然后折叠起来。
5 30分钟后，重复4的操作，然后造型。
6 在面包上涂一些水（分量外），均匀地撒上南瓜籽。发酵30分钟。
7 放入充满蒸汽的250℃烤箱中，烤40分钟左右。开始烘烤5~10分钟后，将温度调成190℃。

Kürbis在德语中是“南瓜”的意思，顾名思义，这是一款用南瓜籽制作的面包。南瓜面包有三种，第一种是加了南瓜肉的，第二种是加了南瓜籽的，还有一种是两者都加的。只加南瓜籽的面包，主要分布于德国北部的不莱梅地区。

一般会选择带有绿色软壳品种的南瓜籽，在制作时将它混入面团里，再撒一些在表面。还有一种炒过的南瓜籽，虽然有些许苦味，吃起来却很香。南瓜籽可以直接使用，也可以切开或碾碎后使用。因为完整的南瓜籽看起来更有食欲，所以表面撒的南瓜籽一般都是完整的。

南瓜籽含有丰富的蛋白质、脂肪酸和矿物质。除了有很棒的香味和口感，也有益于身体健康。

瓜子面包
Sonnenblumenbrot

* 区域：德国
* 主要谷物：小麦、黑麦等
* 发酵方法：酸种、酵母
* 应用：主食

材料（2个份）

中种 ※1
黑麦粉1150……200g
小麦粉550……300g
瓜子仁……100g
鲜酵母……15g
盐……15g
水……320g

※1 中种
黑麦粉1150……500g
水……500g
酵头……100g

制作方法

1 将中种的材料混合，醒20小时左右。
2 将除了瓜子仁以外的所有材料倒入揉面机中，用最低速度揉3~4分钟，再用高一挡的速度揉8分钟。加入瓜子仁，继续揉3分钟左右。盖上盖子，发酵30分钟左右。
3 将面团分成2等份，分别揉成圆形，接合处朝下放到台面上，撒上一些干面粉（分量外），再用撒了干面粉（分量外）的分割环（如下图）在表面按压出花纹。在28~30℃下发酵40~50分钟。
4 放入开了蒸汽的250℃的烤箱中，调成210℃，烤40~50分钟。

这是蛋糕的分割环，能一次性将面团分成12等份。在制作这款瓜子面包时，要用它压出面包表面的花纹。

Sonnenblumen在德语中是“向日葵”的意思（Sonnen：太阳，blumen：花）。这款面包直译过来是“向日葵面包”，不过制作时使用的并不是向日葵花瓣，而是它的种子，所以翻译过来就是瓜子面包。瓜子面包的完整单词是Sonnenblumenkernbrot（Kern是“种子”的意思），一般会省略掉Kern。

向日葵是16世纪西班牙人从美国引入欧洲的。到了17世纪，人们开始食用葵花籽，而用葵花籽榨油则是19世纪的事了。葵花籽的营养价值很高，90%以上是不饱和脂肪酸，维生素A、B族，维生素E，钙、镁、碘等营养元素。它可以烤熟后直接食用，也可以撒在沙拉上或加到面包里。

这款面包使用的谷物是不固定的，有时以黑麦为主，有时则以小麦为主，不同配比的面包味道和口感有很大的区别。半硬质干酪跟葵花籽的味道很搭，适合跟这款面包一起食用。

核桃面包
Walnussbrot

* 区域：德国
* 主要谷物：小麦、黑麦等
* 发酵方法：酸种、酵母
* 应用：主食

材料（1个份）

酸种 ※1

中种 ※2

水合面团 ※3

黑麦粉 1150 ……100g

小麦粉 1050 ……25g

水（50℃）……45g

鲜酵母……5g

盐……7g

葡萄干……100g

核桃（切碎）……100g

※1 酸种

黑麦粉 1150……150g

水（50℃）……150g

酵头……30g

盐……3g

※2 中种

小麦全麦粉……75g

水（18~20℃）……75g

鲜酵母……0.07g

※3 水合面团

小麦粉 1050……150g

水（50℃）……100g

制作方法

1 将酸种的材料混合均匀，在20~22℃下发酵12~16小时（混合后面团温度约为35℃）。
2 制作中种。将材料混合均匀，在18~20℃下发酵10~12小时。
3 制作水合面团。将材料混合，静置60分钟（面团温度约为35℃）。
4 将除了葡萄干和核桃以外的所有材料倒入揉面机中，揉均匀后再加入葡萄干和核桃，搅拌均匀（面团温度约为28℃）。在24℃下醒60分钟。
5 将面团搓成长条状，接合处朝下放到发酵篮里。在24℃下发酵60分钟。
6 将面团翻过来，放到250℃的烤箱中，调到220℃，烤50分钟左右。开始烘烤后2分钟时打开蒸汽开关，10分钟后关上蒸汽开关。

Tip

也可以将面团分成2等份后烘烤。

Walnuss在德语中是“核桃”的意思。日本也有类似的核桃面包。

在德国，人们最常食用的坚果是榛子，当然核桃也很常见。核桃既可以直接食用，也可以用来制作蛋糕、饼干等甜点，还可以做成利口酒。在德国，最常见的核桃品种名为信浓。

核桃面包使用的谷物也是不固定的，一般是小麦和黑麦两种，有时小麦的占比高一些，有时黑麦的占比高一些。这款面包不是很柔软，口感比较紧实，这样跟核桃更搭。在味道方面，质朴的全麦粉或黑麦粉更适合搭配略带苦味的核桃。

亚麻籽面包

Leinsamenbrot

* 区域：德国
* 主要谷物：小麦、黑麦等
* 发酵方法：酸种、酵母
* 应用：主食

材料（2个份）

酸种[※1]

泡发谷物[※2]

黑麦粉 1150……200g

小麦粉 1050……100g

盐……12g

亚麻籽油……25g

黑麦麦芽……20g

※1 酸种

酵头……50g

黑麦粉 1150……200g

水……200g

※2 泡发谷物

亚麻籽……100g

粗粒五谷……100g

大麦（去壳）……100g

水……300g

制作方法

1 将酸种的材料混合均匀，发酵 20~22 小时。
2 泡发谷物。将材料混合均匀，放到冰箱冷藏 20~22 小时。
3 将除了亚麻籽油以外的所有材料倒入揉面机中，用最低速度揉7分钟左右。加入亚麻籽油，用中速挡揉3~5分钟。醒 45 分钟。
4 将面团分成2等份，折叠后揉圆。放入发酵容器里，在室温下发酵 60~90 分钟。如果需要，可以在表面涂一些水（分量外）。
5 放入开了蒸汽开关的 250℃的烤箱中，烤 50~60 分钟。

Leinsamen是由Lein（亚麻）和Samen（种子）这两个词组成的，所以直译过来就是“亚麻籽”。亚麻籽油在日本的使用比较普遍。在德国，人们经常将亚麻籽直接加到面包里，也会放进即食燕麦等食物里食用。

比起其他欧洲国家，德国的亚麻籽生产量并不是很高。不过，亚麻籽在德国的应用程度却很高，你可以在超市的货架上轻易找到它。

有黄色和茶色2种亚麻籽，它们的含油量都很高，能达到整体重量的40%。除了油脂，亚麻籽还富含不饱和Omega-3脂肪酸、α-亚麻酸和膳食纤维等营养元素。

亚麻籽颗粒较小，嚼起来很有弹性。用粗粒面粉制作面包时加入一些，口感会非常好。亚麻籽面包很有嚼劲，吃一点就会有饱腹感。

香料面包

Gewürzbrot

✶ 区域：主要分布于德国南部
✶ 主要谷物：小麦、黑麦、斯佩尔特小麦
✶ 发酵方法：酸种、酵母
✶ 应用：主食

材料（1个份）

黑麦酸种 ※1

泡发陈面包 ※2

黑麦粉 1370……390g

水……170g

混合香料（粉状）……10g（将葛缕子籽、小茴香、香菜籽、葫芦巴等比例混合）

葛缕子籽、小茴香、香菜籽（颗粒状）……各适量

※1 黑麦酸种

黑麦全麦粉……260g

水……260g

酵头……26g

※2 泡发陈面包

陈面包（处理成很小的碎末）……40g

水……80g

盐……13g

制作方法

1 将黑麦酸种的材料混合，在约20℃下发酵20小时。
2 泡发陈面包。将材料混合，密封好后在冰箱静置8~12小时。
3 将除颗粒状香料外的所有材料倒入揉面机中，用最低速度揉5分钟，再用高一挡的速度揉2分钟，揉成有一定湿度和黏着性的面团（面团温度约为27℃）。
4 在24℃下发酵2小时。发酵成差不多2倍大小即可。
5 将面团揉成圆形。在撒了干面粉（分量外）的发酵篮中，撒上整颗的葛缕子籽、小茴香和香菜籽，然后将面团接合处朝下放入其中。在约24℃下发酵45分钟左右。
6 将面团翻过来，放到开了蒸汽开关的280℃的烤箱中，调成220℃，烤60分钟左右。

Tip

也可以将面团分成2等份后烘烤。

听说过Gewürz这个词的人，应该大多是红酒爱好者。在德国和法国阿尔萨斯等地，栽培着一种用于酿制红酒的葡萄——Gewürz，这个词有两层含义。在这里，Gewürz不是指葡萄品种，而是指香料。所以这款面包翻译过来是“香料面包”。

在日本很少有加香料的面包，但在德国却非常普遍。不同地区会使用不同的香料，这正是德国香料面包的有趣之处（P193）。

德国人经常使用的香料有葛缕子籽、茴芹籽、小茴香、香菜籽这几种。有些店铺会将它们混合销售。这种混合香料味道较浓，用它制作面包时，最好少放一些。除了混入面团中，还可以将香料撒在面团表面。

据说，中世纪时人们往面包里加香料，是为了掩盖陈面包的异味。德国南部的面包主要由小麦制成，味道较淡，人们经常会在里面加香料。而德国北部的黑麦面包本身味道就很浓，所以一般不加香料。

现在人们使用香料并不是用来掩盖陈面包的异味，而是为了给面包提味。食用这款香料面包时，只涂一些黄油，面包就会很好吃。当然，也可以搭配味道比较特别的奶酪。

土豆面包

Kartoffelbrot

* 区域：德国
* 主要谷物：小麦、黑麦等
* 发酵方法：酸种、酵母
* 应用：主食

材料（1个份）

中种[※1]

土豆（煮熟后去皮并捣碎，保持温热的状态）……1060g

斯佩尔特小麦全麦粉……800g

鲜酵母……10g

橄榄油……20g

盐……16g

※1 中种

斯佩尔特小麦全麦粉……225g

水（40℃）……225g

鲜酵母……0.3g

盐……5g

制作方法

1. 将中种的材料混合均匀，在20℃下发酵24小时。
2. 将所有材料倒入揉面机中，用最低速度揉5分钟，再用高一挡的速度揉1分钟，揉成稍硬的面团（面团温度约为28℃）。
3. 在24℃下发酵2小时左右。发酵至30分钟和60分钟时，给面团排气。
4. 将面团揉成圆形，接合处朝下放到发酵篮里。在24℃下发酵45分钟左右。
5. 放入开了蒸汽的250℃的烤箱中，调成200℃，烤60分钟左右。

Tip

也可以将面团分成2等份后烘烤。

Kartoffel指的是“土豆”。德国人很爱吃土豆，有研究指出，德国土豆的消耗量很高，平均每个德国人每年要食用58千克的土豆。

德国人爱吃土豆这一习惯由来已久。1746年，普鲁士的腓特烈国王大力提倡栽培和食用土豆，从那时开始，德国就开始大范围种植和食用土豆了。

据说，世界上有大约4000多种土豆。其中德国现今种植的有210种。跟日本一样，德国也会根据土豆的口感进行分类，用它们制作不同的料理。

制作面包时，处理土豆的方法有很多种。例如将生土豆磨碎，或煮熟后捣碎成泥等。有时也会将土豆里含有的淀粉或纤维提取出来使用。用生土豆制作面包能体现出土豆本身的味道，但因为生土豆含有一定的水分，即使是同一品种的土豆，含水量也不同，因此很难控制面团的状态，需要根据土豆实际含水量微调用量。

喜欢土豆的人很多，所以土豆就成了这款面包的加分项。土豆软糯的口感和淡淡的香味非常诱人，除了德国人之外，其他地方的人应该也会爱上它吧！

土豆饼。德国的料理经常会用到土豆。

德国的手指土豆面。它是德国南部和奥地利地区著名的地方菜。

黑土豆面包
Kirchberger Kartoffelbrot

* 区域：德国南部的巴登－符腾堡州
* 主要谷物：小麦、黑麦
* 发酵方法：酸种、酵母
* 应用：主食

材料（1 个份）

中种 ※1
小麦粉 550……350g
黑麦粉 1150……25g
牛奶……100~125g
鲜酵母……15g
盐……15g
土豆（选用淀粉含量较高的品种）……500g

※1 中种
小麦粉 550……125g
牛奶（脂肪含量 3.5%）……125g
鲜酵母……1g

制作方法

1 将中种的材料混合均匀，先在室温下发酵 2 小时，再在 4~6℃下发酵 20 小时。
2 土豆煮熟后去皮，冷却后用叉子等工具碾碎。
3 将除了盐以外的所有材料倒入揉面机中，用低速挡揉 5 分钟，再用高一挡的速度揉 8 分钟。刚开始揉时会变成粗糙的面块，慢慢就会变成质地均匀的面团。加入盐，再揉 5 分钟。
4 盖上盖子，在 24℃下醒 90 分钟。45 分钟后将面团翻面。
5 用力将面团揉圆，接合处朝上放到撒了淀粉（分量外）的发酵篮里，继续发酵 30 分钟左右。
6 将面团翻过来，拍掉多余的淀粉，在表面涂一些热水（分量外）。
7 放入 250℃的烤箱中，调成 200℃，打开蒸汽烤 60 分钟。烤好后立刻喷上热水（分量外）。

Tip
也可以将面团分成 2 等份后烘烤。

这款黑土豆面包跟前文的土豆面包（P68）一样，也是用土豆制成的，只不过它的外皮是黑色的。

同样是使用土豆，之所以外形有这么大的区别，主要是因为土豆的用量不同。这款面包使用的土豆较多，土豆里的淀粉经过烘烤变成了黑色。虽然表面黝黑，但黑土豆面包使用的主要谷物是小麦，所以它并不属于黑面包，而属于小麦混合面包（P186）。切开面包之后就会发现，它的内部并不是黑色的，而是浅浅的奶油色。

从袋子里拿出黑土豆面包的瞬间，一股浓浓的香味扑面而来。它的外皮不是很硬，口感软糯而紧实，吃起来感觉非常棒。即使是不喜欢硬质面包的人，也会爱上这款面包。

黑土豆面包本身味道较浓，只搭配黄油、奶酪这种简单的食材，就很美味了。

混合麦片面包
Müslibrot

- 区域：德国
- 主要谷物：小麦、黑麦等
- 发酵方法：酸种、酵母
- 应用：早餐

材料（1个份）

小麦酸种 ※1
泡发麦片 ※2
水合面团 ※3
黑麦粉 1150……50g
盐……8g
燕麦片……适量

※1 小麦酸种
小麦全麦粉……100g
水……80g
酵头……10g

※2 泡发麦片
混合麦片……100g
牛奶……100g

※3 水合面团
小麦粉 550……200g
水……120g

制作方法

1. 将小麦酸种的材料混合均匀，在室温下发酵 20 小时。
2. 泡发麦片。将混合麦片和牛奶倒入碗中，搅拌均匀后在冰箱里冷藏 8 小时以上。
3. 制作水合面团。将小麦粉和水混合，用手稍揉，然后盖上盖子醒 20 分钟左右。
4. 将所有材料倒入揉面机中，揉成质地均匀的面团。
5. 在 24℃下发酵 4 小时。发酵至 30 分钟、60 分钟、90 分钟、2 小时、3 小时时，拿出面团反复按揉折叠。
6. 将面团揉圆，接合处朝上放到撒了干面粉（分量外）的发酵篮里。在 24℃下发酵 60 分钟。
7. 将面团翻面，在表面涂一些水（分量外），撒上燕麦片。最后切出十字形切口。
8. 放入开了蒸汽的 250℃的烤箱中，调成 210℃，烤 50 分钟。

喜欢麦片的人应该听说过混合麦片（Müsli）吧。这种麦片主要是在早餐时食用。Müsli是瑞士人的德语叫法，而标准德语的单词是Mus，指粥状、糊状的麦片。

Müsli主要是由燕麦片、其他谷物和果干等组成的，通常会跟牛奶、酸奶或果汁等一起食用。

混合麦片面包是指加了Müsli的面包，里面有坚果和果干等，而且有一定的甜味，直接吃就很美味。当然也可以搭配奶油奶酪、咸味火腿、鹅肝酱等食用。

市面上销售的早餐混合麦片。里面有多种谷物、果干和坚果。

德式吐司

Toastbrot

★ 区域：德国
★ 主要谷物：小麦、斯佩尔特小麦
★ 发酵方法：酸种、酵母
★ 应用：早餐、制作三明治

材料（1个份）
中种 ※1
小麦酸种 ※2
汤种 ※3
盐与酵母混合液 ※4
小麦粉550……450g
牛奶（脂肪含量3.5%）……75g
水……15g
黄油……40g
砂糖……9g

※1　中种
小麦粉550……150g
水……90g
鲜酵母……3g
盐……4.5g

※2　小麦酸种
小麦全麦粉……50g
牛奶（脂肪含量3.5%）……30g
小麦酸种的酵头……6g

※3　汤种
小麦粉550……18g
牛奶（脂肪含量3.5%）……90g

※4　盐与酵母混合液
鲜酵母……8g
盐……6g
水……60g

制作方法

1. 将中种的所有材料用手或硅胶铲混合均匀，在室温下发酵2小时，然后放到4~6℃的冰箱里醒48小时。
2. 制作小麦酸种。将材料混合均匀，在室温下发酵18小时。
3. 制作汤种。将小麦粉和牛奶倒入锅中，边加热边搅拌，加热到65℃以上。变成糊状后关火，搅拌2分钟。冷却后盖上盖子，静置4小时以上。
4. 制作盐与酵母混合液。将材料混合，盖上盖子，放入冰箱冷藏8~12小时。
5. 将除了黄油和砂糖以外的材料倒入揉面机中，用最低速度揉5分钟，再用高一挡的速度揉10分钟，揉成较硬的面团。将黄油处理成小块后加入其中，揉5分钟。边加入砂糖边揉面，揉2分钟。揉好的面团质地略硬，但比较有弹性和光泽。在24℃下发酵60分钟。
6. 将面团揉成30cm长，分成4等份，分别填入22cm×10cm×9cm的模具中。在24℃下发酵90分钟。
7. 放入开了蒸汽的230℃烤箱中，调成200℃，烤45分钟。

听到德式吐司这个词，对德国面包有一定了解的人应该会很惊讶吧。确实，德国人不怎么吃吐司，但还是有吐司的配方。

据说，古罗马和古埃及时期就已经有吐司了，它在英国历史也很悠久，不过，吐司在20世纪60年代才传入德国。吐司机是20世纪20年代发明的，但当时德国人只是用它烤灰面包（P32）。

吐司真正在德国风靡起来是20世纪60年代的事。在当时德国的一期烹饪节目中，一位名厨介绍了一道名叫夏威夷吐司的料理。这款吐司很有热带风情，能让人联想到美丽的夏威夷海滩。具体做法是在吐司片上涂一些黄油，然后放上火腿和菠萝，再撒上奶酪碎，最后放入180℃的烤箱中烤10分钟左右。这期节目播出后，“夏威夷吐司”在德国流行起来，甚至在人们提到吐司时，马上就会联想到“夏威夷吐司”。

制作“夏威夷吐司”不可或缺的材料就是这款德式吐司。德式吐司的主要材料是小麦粉，也会加入黄油、牛奶等。不过，德式吐司并不像日本吐司那么大，也不如日本吐司软。

德国超市里会销售吐司片。不太擅长做饭的人，也可以用吐司片在短时间内做一些简单的三明治。

德式酸泡菜面包

Sauerkrautbrot

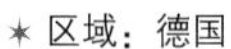

- ✶ 区域：德国
- ✶ 主要谷物：小麦、黑麦
- ✶ 发酵方法：酸种、酵母
- ✶ 应用：主食

材料（1个份）

黑麦酸种 ※1
泡发谷物 ※2
小麦粉 550……90g
酪乳……75g
燕麦片……75g
德式泡菜（挤干汁水）……75g
火腿或培根碎……75g
盐……11g

※1 黑麦酸种
黑麦 1150……90g
水……75g
酵头……20g

※2 泡发谷物
粗粒小麦（中磨）……150g
水……150g
杜松子（提前碾碎）……5 粒
葛缕子籽（整颗）……1/2 小匙

制作方法

1. 将黑麦酸种的材料混合均匀，在室温下发酵 16~20 小时。
2. 泡发谷物。将所有材料混合均匀，在冰箱里静置 5 小时以上。
3. 将小麦粉和酪乳混合均匀，盖上盖子，醒 30 分钟。
4. 将所有材料倒入揉面机中，用最低速度揉 5 分钟，再用高一挡的速度揉 10~15 分钟，揉成湿润但不粘手的面团。在 24℃下发酵 60 分钟。
5. 揉一会儿，塑形后放入发酵篮里，发酵 60~90 分钟。
6. 放入开了蒸汽的 250℃烤箱中，调成 200℃，烤 40 分钟左右。

Sauerkraut（德式酸泡菜）是德国的代表性食物，在日本也有一定的知名度。有时会被翻译成醋渍卷心菜，但这种译法其实是不贴切的。因为制作德式酸泡菜时不会使用醋，其中的酸味是由乳酸散发出来的，因此，德式酸泡菜属于发酵食品。

德式酸泡菜的用法很多，德国人有时会直接食用，或者将它跟肉和香料等一起煮，还可以跟其他蔬菜、水果等做成沙拉。

这款面包里放了德式酸泡菜。制作时要将泡菜汁水挤干后再混入面团里。由于加入了德式酸泡菜，切开时会散发出独特的酸味。不过，不喜欢酸味的人也不用担心，加热后酸味就会挥发出去。德式酸泡菜面包使用的谷物是小麦和黑麦，所以算是混合面包（P186）。

这种加了蔬菜的面包很适合在正餐时食用，特别是搭配肉类料理食用。

德式胡萝卜面包
Karottenbrot

* 区域：德国
* 主要谷物：小麦、黑麦
* 发酵方法：酸种、酵母
* 应用：主食

材料（1 个份）

黑麦酸种 ※1
汤种 ※2
小麦粉 550 ……125g
小麦粉 1050 ……125g
黑麦粉 1150 ……45g
盐……11g
水……100g
胡萝卜（磨碎）……90g
南瓜籽……适量
芝麻……适量

※1 黑麦酸种
黑麦粉 1150……130g
水（约 35℃）……120g
酵头……13g

※2 汤种
燕麦片……25g
瓜子仁……35g
南瓜籽……30g
亚麻籽……30g
陈面包（处理成很小的碎末）……25g
热水……160g

制作方法

1 将黑麦酸种的材料混合均匀，环境温度从 28℃缓缓降至 20℃，发酵 18 小时。
2 制作汤种。将材料混合均匀，冷却后放入冰箱冷藏 12 小时。
3 将除了胡萝卜、南瓜籽和芝麻以外的所有材料倒入揉面机中，用低速挡揉 5 分钟，再用高一挡的速度揉 5 分钟，揉到不粘盆壁的程度即可。加入胡萝卜，揉 2 分钟（面团温度为 27℃）。在 24℃下发酵 45 分钟。
4 揉成形后撒上南瓜籽和芝麻，接合处朝下放到台面上。盖上盖子，在 24℃下发酵 70 分钟。
5 在表面喷一些水（分量外），放入开了蒸汽的 250℃烤箱中，调成 200℃，烤 50 分钟。

Tip

可以将面团分成 2 等份后烘烤。

Karotten 在德语中是“胡萝卜”的意思。胡萝卜在德国有很多种称呼，除了 Karotten 之外，最常见的是 Mohre，这是在德国北部常用的称呼。在瑞士德语中它叫 Rubli。Karotten 跟英语中的 Carrot 都来源于拉丁语中的 Carota。而 Mohre 则来源于日耳曼语、斯拉夫语及希腊语中“根”这个单词。

制作胡萝卜面包时，一般是将胡萝卜磨碎后加入面团里再进行烘烤。也会加入燕麦片、亚麻籽、南瓜籽和核桃等。使用的谷物一般是小麦，有时也会混入黑麦。

将这款面包切成片状后，就能看见颜色鲜艳的胡萝卜碎。加入坚果和各类种子，口感会更好。它也很适合搭配蔬菜一起食用。

德式洋葱面包

Zwiebelbrot

✶ 区域：德国　✶ 主要谷物：小麦、黑麦
✶ 发酵方法：酸种、酵母　✶ 应用：主食

材料（1 个份）

黑麦酸种 ※1
中种 ※2
泡发谷物 ※3
黑麦全麦粉……50g
小麦粉 1050……150g
鲜酵母……5g
橄榄油……25g+ 适量
麦芽糖浆……15g
洋葱（大）……3~4 个
蜂蜜……2 小匙

※1　黑麦酸种
黑麦全麦粉……150g
水……150g
酵头……15g

※2　中种
小麦粉 1050……50g
水……50g
鲜酵母……0.2g

※3　泡发谷物
燕麦片……100g
水……100g
盐……10g

制作方法

1. 将黑麦酸种和中种的材料分别混合均匀，在室温下发酵 14~18 小时。
2. 泡发谷物。将材料混合均匀，在冰箱冷藏 8 小时以上。
3. 将洋葱切成大块，倒入加了适量橄榄油的平底锅中，炒 20~30 分钟，炒成浅棕色。加入蜂蜜，继续炒 5~10 分钟，炒成茶色，然后静置冷却。
4. 将除了 3 以外的所有材料倒入揉面机中，用最低速度揉 5 分钟，再用高一挡的速度揉 8 分钟。揉到不粘盆壁的程度即可。加入 3 中的蜂蜜洋葱，用最低速度揉 2~3 分钟。
5. 在 23~25℃下发酵 60 分钟左右。
6. 将面团揉圆，放入撒了玉米淀粉（分量外）的发酵篮里，发酵 60 分钟。
7. 在表面涂一些水（分量外），放入开了蒸汽的 250℃烤箱中，烤 50 分钟。开始烘烤 10 分钟后关掉蒸汽，调成 200℃。烤好后，在表面涂或喷一些水（分量外）。

Tip

也可以分成 2 等份后再烘烤。

Zwiebel 在德语中是“洋葱”的意思，所以 Zwiebelbrot 是指加了洋葱的面包。加入面团中的洋葱一般是炒过的。德国人很喜欢吃炒洋葱，德国南部有一种名叫 Spätzle 的著名料理，里面就加了炒脆的洋葱。

这款洋葱面包使用的谷物是小麦和黑麦，占比各一半。谷物配比发生微小的变化，做出的面包味道和口感会有很大的区别。只要多尝试，就能找到独特的配比，这也是德国面包的有趣之处。

十月啤酒节面包
Wiesnbrezn

✶ 区域：主要分布于德国南部巴伐利亚地区　✶ 主要谷物：小麦
✶ 发酵方法：酵母　✶ 应用：十月啤酒节期间

材料（3个份）
中种（波兰种）※1
汤种 ※2
小麦粉 550……530g
冷水……10g
鲜酵母……10g
黄油……15g
小麦酸种……35g
碱水（4%）……适量
粗盐……适量

※1　中种（波兰种）
小麦粉 550……95g
水……95g
鲜酵母……0.1g

※2　汤种
水……300g
小麦粉 550……60g
盐……13g

制作方法

1 将中种的材料混合均匀，在20℃下发酵20小时。
2 制作汤种。将材料倒入锅中，边搅拌边加热到沸腾，1~2分钟后关火，搅拌成糊状。盖上盖子，在冰箱冷藏4~12小时。
3 将除了碱水和粗盐以外的所有材料倒入揉面机中，用最低速度揉5分钟，再用高一挡的速度揉8分钟，揉成紧实不黏的面团（面团温度为22℃）。
4 在22℃下发酵60分钟，30分钟时拿出来排气。
5 将面团分成3等份，分别揉圆，醒10分钟。搓成长30~40cm的棒状，醒5~10分钟。
6 继续搓成长80~90cm的棒状，然后捏成像图片一样的造型。不用盖盖子，直接在阴凉处静置20分钟，使表面干燥。
7 在碱水里泡4秒，再撒上粗盐。
8 放入230℃的烤箱中，不开蒸汽，烤25分钟左右。

Tip

在碱水中浸泡时面团很容易变形，可以提前冻一会儿，这样就会好得多。烘烤时要尽量保持烤箱内部干燥，可以稍微给烤箱留一条门缝。

Wiesn是指世界上规模最大的啤酒节——德国十月啤酒节。Wiesn在德语中是“草地”的意思，而在巴伐利亚方言中，它特指举办十月啤酒节用的草地。十月啤酒节从9月下旬开始举办，共16天，参加者多达600万人，除了德国人之外，还有很多外国人参加。这款十月啤酒节面包就是专门为这个节日准备的。

它的制作方法跟巴伐利亚扭结面包（P84）差不多，只是大小不同。按照规定，烤好的十月啤酒节面包重量必须在250g以上，才能在啤酒节中出售。据说，在为期16天的啤酒节里，会消耗掉1500多个面包。在会场的帐篷落座之后，就能看见很多人用篮子装着面包销售。

十月啤酒节期间，慕尼黑市内也充满了节庆的气氛，市内的面包店也会销售这款十月啤酒节面包。

口感酥脆的德式“薄皮披萨”

德式火焰饼

Flammkuchen

* 区域：主要分布于德国西南部的法尔兹、巴登等地
* 主要谷物：小麦粉
* 发酵方法：面包酵母
* 应用：甜点、零食、下酒菜

材料（3个份）

中种 ※1

小麦粉 550……215g

水……85g

盐……6g

洋葱（切成薄片）……1/2个

培根（切碎）……150g

酸奶油……200g

※1 中种

小麦粉 550……100g

水……100g

鲜酵母……0.1g

制作方法

1. 将中种的材料混合均匀，在室温下发酵 18~20 小时。
2. 将中种、小麦粉、水、盐倒入揉面机中，用最低速度揉 5 分钟，再用高一挡的速度揉 5~7 分钟。揉成有弹性且不粘的面团。放入冰箱，发酵 24 小时。
3. 将面团分成 3 等份，每份都擀成厚 1~2mm 的面片。
4. 涂上酸奶油，再撒上洋葱片和培根碎。
5. 放入 300℃以上的烤箱中，烤 5 分钟。

Tip

也可以撒一些盐、胡椒和欧芹碎。

Flammkuchen是由Flamme（火焰）和kuchen（蛋糕）两个词组成的，直译过来就是“火焰蛋糕”。很久以前，人们还在使用柴窑烤面包时，会先放入这款德式火焰饼的面团来测试温度。如果很快就能烤好，那么需要降低柴窑的温度。相反的，如果要烤很长时间，则需要提高柴窑的温度。将面团放入柴窑时，木柴还保持着燃烧的状态，所以它才被称为火焰饼。

在饼皮上涂酸奶油，然后撒上洋葱片和培根碎是最常见的做法。饼皮薄而酥脆，而且有一种焦香，简直让人百吃不腻。

德国各地对火焰饼有不同的称呼，而且配方也很多样。符腾堡州东部将其称为热饼，饼皮上会放土豆泥和洋葱圈。弗兰肯地区称之为Blootz或Blaatz。黑森州也有类似的食物。施瓦本地区称之为Dinnete，饼皮上放的是肉桂苹果和奶酪等。

身为德国的邻国，法国的阿尔萨斯地区也有类似的食物，它在阿勒曼语和阿尔萨斯方言中被称为Flammekueche，法语中被称为Tarte flambee。

德式火焰饼在酒吧等场所也有销售，人们经常将它当做下酒菜。在德国，走进酒吧后，很容易看到拿白葡萄酒配火焰饼食用的人。

这个火焰饼上放了许多西葫芦片。同时能吃到多种食材是火焰饼的一大特色。

栏目 3

面包学徒的游学之旅

想成为面包师，
就要遍历四方

照片来源：Werbegemeinschaft des Deutschen Backerhandwerks e.V.,http://www.baeckerwalz.de

游学途中会遇到认识的职人或以前的熟人。在四处游历过程中，有旅行的伙伴，会更安心。

德国的师傅（Meister）制度，相信很多人都有所耳闻。这种制度也适用于面包师。随着师傅制度的发展，产生了一种叫Geselle（女性为Gesellin）的资格证。要想取得师傅资格证，学徒要先在各地游学历练，听起来好像很不可思议。下面就给大家详细介绍一下。

考取师傅资格证所必需的游学历练

在德国开面包店必须考取师傅的资格证。在接受最终考试前，学徒需要在职业学校进行培训（P211）。

如果是手工从业者，也要先考取Geselle资格证。只有通过了这个考试，才能成为独当一面的专家。

从中世纪开始，通过Geselle考试的人就要离开故乡，到各地游学。这段时期被称为“游学时期”。据说，有30~35种职业需要游学，而面包学徒的游学被称为“Backerwalz”。

游学的目的是开阔视野

在19世纪前，游学是考取师傅资格证所必需的历练。它的目的是了解各地的土壤情况和生活习惯、学习新的知识和技术，积累经验。与信息时代不同，以前知识和信息的收集都颇费周折。

不同时期、职业身份所需的游学时间各不相同。比如，某个地方的规定是普通人需要游学6年，而师傅的孩子则只需要3年。

游学期间，学徒基本是居无定所的，所以不能结婚。结束一个地方的游学后，当地的师傅会颁发一个名叫“Kundschaft”的证书，如果没拿到这个证书，就无法到下个地方就职。

如今，游学已经不是必需的了。考完Geselle资格证后，就可以参加Meister考试。

游学历练

面包学徒的游学时间是3年零1天。学徒们从自己的故乡出发，至少要游历到50千米以外的地方。游学时携带的行李非常简单，只有换洗衣服等几样必需品，用类似包袱皮的东西包住，背着它们行走四方。像手机、笔记本电脑之类的电子产品，都是不允许携带的。

这些人在游学中一眼就能被人认出，因为他们都穿着一种名叫Kluft的特殊服装。

Kluft是由衬衫、马甲、外套、裤子、帽子所组成的套装。帽子主要是大礼帽、圆顶礼帽、宽檐帽，裤子是灯芯绒布料的喇叭裤，马甲上有8个纽扣（代表1天的劳动时间），外套上有6个纽扣（代表1周的劳动天数）。鞋子是黑色的皮鞋，他们还会带着一根名叫Stenz的木棍。木棍上有时会挂挂饰或自己行会的标志。

不同职业的服装颜色各异。木匠是黑色的，裁缝是红色的，石匠、金属工艺品学徒的服装是蓝色的。而面包学徒的服装是千鸟格的。

游学不限于德国境内，有时他们也会去其他欧洲国家，现在很多学徒还会到大洋彼岸的国家游学。

照片来源：Werbegemeinschaft des Deutschen Bäckerhandwerks e.V.,http://www.baeckerwalz.de

照 片 来 源：Werbegemeinschaft des Deutschen Bäckerhandwerks e.V., http://www.baeckerwalz.de

1. 一个人的游学之旅。从服装就能看出身份。2. 挂着扭结面包形状挂饰的木棍和包裹。3. 名为“Wanderbuch”的手账。里面记录着游学期间去过的城市和学习的地点。以前这个手账是必须随身携带的，学习结束后，当地的师傅会在上面写一些评语。4. 对于未来的面包师傅们。这段游学经历将成为他们事业和人生的巨大财富。

照片来源：Werbegemeinschaft des Deutschen Bäckerhandwerks e.V., http://www.baeckerwalz.de

这个游学制度是世界上独一无二的，在2015年3月16日，已经被登记为德国的非物质文化遗产。

照片来源：Werbegemeinschaft des Deutschen Bäckerhandwerks e.V.,http://www.baeckerwalz.de

小型面包

Kleingebäck

* * *

在种类繁多的德国面包中，样式最丰富的就是重量在 250g 以下的小型面包，数量达 1200 多种。小型面包是德国人正餐、早餐等必备的食物，在日本为人们所熟知的扭结面包和凯撒面包，也属于小型面包。小型面包可以直接食用，也可以夹上火腿、奶酪等做成三明治。德国路边小吃摊上会销售小型面包，即使不是正餐时间，人们也可以买一些来充饥。

巴伐利亚扭结面包

Bayerische Brezel

* 区域：德国南部的巴伐利亚地区
* 主要谷物：小麦
* 发酵方法：酵母
* 应用：早餐、甜点、零食

材料（9 个份）

中种 ※1

汤种 ※2

小麦粉 550……530g

冷水……10g

鲜酵母……10g

黄油……15g

小麦酸种……35g

碱水（4%）……适量

粗盐……适量

※1 中种（波兰种）

小麦粉 550……95g

水……95g

鲜酵母……0.1g

※2 汤种

水……300g

小麦粉 550……60g

盐……13g

制作方法

1. 将中种的材料混合均匀，在 20℃下发酵 20 小时。
2. 制作汤种。将材料倒入锅中，边搅拌边加热到沸腾，1~2 分钟后关火，搅拌成糊状。盖上盖子，在冰箱冷藏 4~12 小时。
3. 将所有材料倒入揉面机中，用最低速度揉 5 分钟，再用高一挡的速度揉 8 分钟。
   ※ 揉成紧实不粘的面团即可（面团温度为 22℃）。
4. 在 22℃下发酵 60 分钟，30 分钟时拿出来排气。
5. 将面团分成 9 等份（每个约为 125g），分别揉圆，醒 10 分钟。
6. 搓成长 50cm 的棒状，醒 5~10 分钟。
7. 继续搓成长 65~70cm 的棒状，塑形。
8. 不用盖盖子，直接在阴凉处静置 15 分钟，使表面干燥。
9. 在碱水里泡 4 秒，再撒上粗盐。
10. 放入 230℃的烤箱中，不开蒸汽，烤 15 分钟。

Tip

烘烤时要尽量保持烤箱内部干燥，可以稍微给烤箱留一条门缝。

在日本提到德国面包，人们首先想到的就是扭结面包。它那均匀的色泽、独特的外形和烘烤出的裂纹，都非常吸引人，真是一款诱人的面包。

这款扭结面包主要分布于以慕尼黑为中心的巴伐利亚州。它在当地被称为 Brezn、Breze 和 Munchner Brezn。

巴伐利亚扭结面包跟施瓦本扭结面包的外形差不多，但巴伐利亚扭结面包整体粗细均匀，而且中央最粗的地方没有刀口，只有烘烤时产生的自然裂纹。巴伐利亚扭结面包的变形有很多种，十月啤酒节面包（Wiesnbrezn）（P77）就是其中之一。

这款扭结面包是慕尼黑人生活中不可或缺的食物。他们会将扭结面包和香肠一起当早餐，或者在午后的“面包时间”（P28）把它当做甜点。扭结面包已经成为慕尼黑人的标志了。

2014 年，巴伐利亚扭结面包被欧盟认证为地理标志保护产品。

慕尼黑餐馆的早餐。竹篮里有很多扭结面包。

扭结面包的变形
* * *

施瓦本碱水扭结面包

Schwäbische (Laugen-)Brezel

* 区域：主要分布于德国南部的施瓦本地区
* 主要谷物：小麦
* 发酵方法：酵母
* 应用：早餐、零食

材料（10 个份）

中种 ※1

小麦粉……400g

盐……9g

鲜酵母……15g

黄油……25g

水……185g

碱水……适量

※1 中种

小麦粉……100g

水……65g

鲜酵母……1g

制作方法

1 将中种的材料混合均匀，在冰箱冷藏一晚。
2 将除了碱水之外的所有材料揉到一起（面团温度约为 22℃）。醒 5~10 分钟。
3 分成每个约 80g 的小面团，然后塑形。发酵 30~45 分钟。
4 放入冰箱冷冻室，使面团变硬。
5 从冰箱中拿出面团，当表面稍微解冻变软时，在最粗的地方剪出刀口，然后在碱水里泡一下。
6 放入 230℃的烤箱中，烤 12 分钟左右。

Tip

如果 3 中发酵时使用了发酵器，取出后就要晾干表面。4 中将面放入冷冻室时，不需要将面团内部也冻硬，只要保证泡入碱水时面团不变形就可以了。烘烤时可以按照喜好撒上盐和芝麻等。

慕尼黑人非常热爱当地的巴伐利亚扭结面包（P84），甚至以此为傲。而施瓦本人当然也不会认输，他们认为自己故乡的扭结面包最好吃。

施瓦本扭结面包的特征是手臂（中间交叉的部分）和肚子（最粗的部分）的粗细有着很明显的区别。细细的手臂口感非常酥脆，肚子上剪开了一个刀口，能看到里面的白色部分，跟涂了碱水的主体的颜色形成鲜明对比，看起来非常美。酥脆的手臂配上柔软的肚子，让你在一种面包上体验两种口感。

施瓦本扭结面包比巴伐利亚扭结面包多放了一些油，有时还会混入猪油或其他植物油。这样面团更有弹性，剪出的刀口会更大。

剪刀口的方法没有特殊的规定，只需平行剪开即可，长短由自己决定。

整体的形状有时是稍长的椭圆形，有时是竖长形，或者是四方形等。乍看可能一样，其实有些细微的差别。

不同的人做出的面包造型各不相同，让这款施瓦本扭结面包变得更惹人喜爱了。

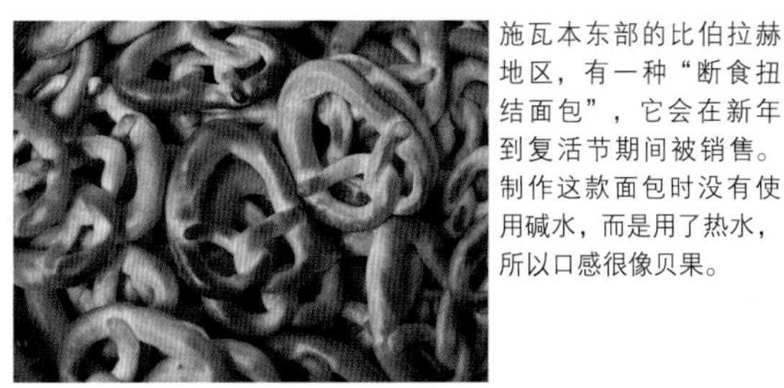

施瓦本东部的比伯拉赫地区，有一种“断食扭结面包”，它会在新年到复活节期间被销售。制作这款面包时没有使用碱水，而是用了热水，所以口感很像贝果。

© Bäckerei Häring

Bäckerei Häring 的面包师正在制作断食扭结面包。这家店是为数不多的会制作这款面包的店铺之一。据说，在很久以前，一个面包学徒忘了准备碱水，师傅一气之下将面泡进热水里，就意外诞生了这款面包。

© Bäckerei Häring

扭结面包的变形

* * *

迷你碱水面包

Laugenbrötchen

* 区域：德国南部
* 主要谷物：小麦
* 发酵方法：酵母
* 应用：早餐、甜点、零食

材料（10 个份）

中种 ※1

小麦粉……400g

盐……9g

鲜酵母……15g

黄油……25g

冷水……185g

碱水……适量

粗盐……适量

※1 中种

小麦粉……100g

水……65g

鲜酵母……1g（干酵母量为 1/3g）

制作方法

1. 将中种的材料混合均匀，在冰箱冷藏一晚。
2. 将除了碱水之外的所有材料揉到一起（面团温度约为 22℃）。醒 5~10 分钟。
3. 分成每个约 80g 的小面团，然后分别揉圆。发酵 30~45 分钟。
4. 在表面涂上碱水，剪出十字形刀口，按喜好撒上粗盐，放入 200℃的烤箱中，烤 15 分钟左右。

Tip

3 中的发酵时间要根据环境温度调整。如果使用了发酵器，取出后就要晾干表面（晾到表面变干皱起的状态即可）。

Brötchen是指小型面包中体积很小的品种，不用切开，可以直接端上桌食用。这款迷你碱水面包有碱水带来的特殊光泽，而且又圆又小，看起来非常可爱。制作时通常会切出十字形刀口，烘烤后刀口处露出的白色跟涂了碱水的棕色相对比，颜色很漂亮。除了十字形刀口外，也可以切成其他造型。

像迷你碱水面包和棒状碱水面包（P90）这种涂了碱水的面包，使用的谷物一般是普通小麦或斯佩尔特小麦。这些面包的特点是大小适中且口感柔软，不过做好后容易变干，一定要尽快吃完。

这种小型碱水面包，主要分布于德国南部，在奥地利、瑞士和法国的阿尔萨斯等地也很常见。

小型碱水面包的另一种造型。像刺猬一样，非常可爱。

棒状碱水面包
Laugenstange

* 区域：德国南部
* 主要谷物：小麦
* 发酵方法：酵母
* 应用：早餐、甜点、零食

材料（10个份）

中种 ※1

小麦粉……400g

盐……9g

鲜酵母……15g

黄油……25g

冷水……185g

碱水……适量

粗盐……适量

※1　中种

小麦粉……100g

水……65g

鲜酵母……1g（干酵母量为1/3g）

制作方法

1. 将中种的材料混合均匀，在冰箱冷藏一晚。
2. 将除了碱水之外的所有材料揉到一起（面团温度约为22℃）。醒5~10分钟。
3. 分成每个约80g的小面团，然后分别揉成棒状。发酵30~45分钟。
4. 在表面涂上碱水，斜向剪出4个刀口，按喜好撒上粗盐，放入200℃的烤箱中，烤15分钟左右。

Tip

3中的发酵时间要根据环境温度调整。如果使用了发酵器，取出后就要晾干表面（晾到表面变干皱起的状态即可）。

这款棒状碱水面包跟前面提到的迷你碱水面包（P88）差不多，都是涂了碱水后烘烤的小型面包。stange是“棒状”的意思。这款面包跟香肠大小差不多，制作时一般会在表面剪出斜向刀口。

它的吃法有很多种，可以直接食用，也可以纵向切开涂上黄油食用，亦或是夹上喜欢的配菜做成三明治。

面包店有时会销售用它做成的开放型三明治，具体做法是纵向切开后摆上奶酪、培根等，然后放入烤箱烘烤。摆在表面的配菜种类繁多，这种三明治刚出炉时最好吃。

揉成较细的棒状后烘烤而成的。虽然是同一款面包，但看上去却很不一样。

斯佩尔特小麦心形面包

Dinkellaugenherz

* 区域：德国南部
* 主要谷物：斯佩尔特小麦
* 发酵方法：酵母
* 应用：早餐、甜点、零食

材料（6个份）

汤种（3~5℃）※1

斯佩尔特小麦 630……425g

水（3~5℃）……160g

鲜酵母……4.5g

黄油……13g

猪油……9g

活性麦芽粉……2g

碱水（4%）……适量

※1　汤种

斯佩尔特小麦 630……13g

水……65g

盐……9g

制作方法

1. 制作汤种。将材料倒入锅中，边搅拌边加热，加热到黏稠的状态即可。在3~5℃下静置3~4小时。
2. 将除了碱水之外的所有材料倒入揉面机中，用最低速度揉8分钟，再用高一挡的速度揉1分钟，揉成略硬且紧实的面团（面团温度约为22~24℃）。盖上盖子，在20℃下醒30分钟。
3. 将面团分成6等份（每份约110g），然后分别揉成棒状。盖上盖子醒10分钟。
4. 搓成长30cm的条状，再捏成心形。
5. 将面包在布中，外面再覆上保鲜膜。在5~6℃下发酵12小时。
6. 在碱水中泡3~4秒，放入250℃的烤箱中，调成230℃，不开蒸汽，烘烤15分钟。

这款斯佩尔特小麦心形面包是使用斯佩尔特小麦制作的小型面包中的一种。烘烤前涂上碱水和独特的形状是它显著的特征。

本来制作碱水面包的主要谷物是小麦，但随着食用有机食品的观念慢慢深入人心，用斯佩尔特小麦制作的碱水面包也日渐增多。

它的味道跟普通的扭结面包差不多，但造形却让人眼前一亮。系上蝴蝶结等装饰，完全就是一个精致的礼物。

专栏4

深入了解扭结面包

在日本也很有人气的扭结面包
它的形状和颜色非常特别
而且各地风格独特

扭结面包是德国代表性的面包之一。它独特的形状和漂亮的颜色都让人印象深刻，在日本被人们所熟知。德国各地的扭结面包，无论是外形还是配方都有很大的区别。下面就给大家介绍一些有关扭结面包的知识。

各地的扭结面包有很大的区别

扭结面包有很多种，本书中介绍了以巴伐利亚扭结面包为首的几种。接下来会再给大家介绍一些。扭结面包主要分布于德国南部。

汉堡风扭结面包（Burger Brezel）

索林根是位于德国西部威斯特法伦州山城地区的一座城市，而汉堡风扭结面包就是18世纪诞生于此的传统面包。这款面包的面团是甜的，制作时要扭4到5圈。它的口感又硬又脆，所以人们经常泡进咖啡里食用。用绳子将几个扭结面包绑到一起，就可以直接当特产拿回家了。

汉堡风扭结面包也是当地传统“午后咖啡时间”中必备的食物。

现今，会制作这款面包的人越来越少了，所以2010年5月德国SLOW FOOD协会将它认定为濒危食物，并登记在“美味方舟”里。

* 桌子正中放着一个名叫鹤形壶的金属大壶，它有些类似俄式茶壶。四周摆放着白面包、黑面包、粗黑麦面包、扭结面包等主食。还有用于涂抹在面包上食用的蜂蜜、甜菜糖浆、苹果酱、洋梨酱等。除此之外，还有牛奶粥、奶酪、各种糖渍水果、华夫饼和蛋糕等。当然，有时也会准备香肠和鸡蛋等食物。

啤酒扭结面包（Bierbrezen）

德国南部施瓦本地区的扭结面包。制作时加了啤酒。

巡礼扭结面包（Wallfahrtsbreze）

这也是德国南部的一款扭结面包。Wallfahrt是“巡礼”的意思。面包表面没有涂碱水，而是撒了小麦淀粉和盐的混合物。

棕榈主日扭结面包（Palmbrezel）

德国南部施瓦本地区的扭结面包。复活节的前一个星期日是棕榈主日（Palmsonntag），这款面包就是在那一天吃的，它没有使用碱水。在施瓦比阿尔布（Schwäbische Alb）地区，人们将面团做成了甜的，而且会在表面做出凸起的形状。据说象征着耶稣的荆棘王冠。

圣马丁日扭结面包（Martinsbrezel）

德国西部黑森州的扭结面包。它是在11月11日的圣马丁日时吃的。

榛子扭结面包（Nussbrezel）

一款用派皮制成的扭结面包，制作时里面还加了榛子等坚果。它的别名是俄罗斯扭结面包。斯图加特地区有这样一个传说——在符腾堡州有个从俄罗斯嫁过来的女王，名叫Olgabrezeln，这款面包的名字就与她有关。

三边扭结面包（Dreizackweck）

霍尔茨海姆的扭结面包，霍尔茨海姆是德国西部莱茵兰－普法尔茨州沃尔姆斯地区的一座小城。在复活节三周前，德国会举行一场名为Sommertagszug的游行，这时游行队伍会向孩子们扔一种有三条边的像飞镖一样的面包。因为这个习俗，这款面包又被称为夏日扭结面包。

形状和颜色是扭结面包的最大特征

扭结面包名字来源于拉丁语中brachium这个词。brachium是手臂的意思，仔细想想，扭结面包中间的部分确实很像交叉的手臂。另外，brachium在古高地德语中是brezitella。

扭结面包在德国各地有着不同的称呼，巴伐利亚地区称之为Brezn、Brez'n或Breze，在巴登阿勒曼语中为Bretschl。除此之外，还有其他多种称呼。

扭结面包的另一个特征是它的颜色。经过烘烤，扭结面包表面会呈现一种独特的深茶色，这是因为表面的碱水在高温中产生了美拉德反应。

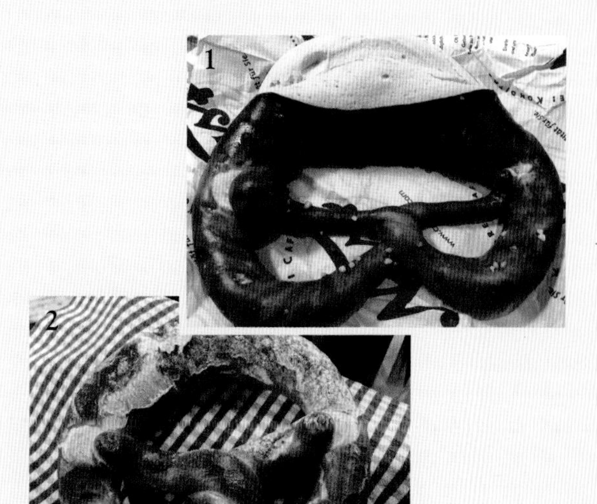

碱水的碱性很强，使用时一定要多加小心。在日本，人们还没有将碱当做可食用的东西，但碱在德国却有着很长的食用历史。从很久以前，德国人就开始生产、销售制作扭结面包用的碱了。

看到这里，大家可能会对食用扭结面包有所顾忌，其实不用担心，碱在烘烤过程中会完全分解，所以食用碱水面包很安全。

使用碱水的原因

那么，究竟为什么要使用碱水呢？实际上，关于这件事还没有确切的答案。其中有两种流传最广的说法。

一种说法来自巴伐利亚地区。据说在19世纪时，王室御用商人约翰·艾雷斯在巴伐利亚开了一家咖啡馆。1839年2月11日，这家咖啡馆的面包师一时疏忽，将涂在扭结面包上的普通糖水换成了清洗烤盘用的碱水。不过，咖啡馆的主人对烤出的面包很满意，他甚至将这款面包献给符腾堡州王室的公使试吃。

另一种说法来自施瓦本地区。1477年，施瓦本的面包师在制作面包时，一只猫跳到了烤盘上，扭结面包掉进了碱水里，于是这款表面涂了碱水的扭结面包就诞生了。

1. 典型的施瓦本扭结面包（P86）。它的手臂很细，肚子部分剪了一个刀口。2. 巴伐利亚扭结面包（P84）整体的粗细一致，而且有着烤出的自然裂口。3. 汉堡风扭结面包。它有着悠久的历史，特征是口感酥脆。4. 制作扭结面包用的碱。市面上卖的有颗粒状的碱，还有稀释成液体的碱水。5. 扭结面包形状的招牌。

扭结面包形状的由来

接下来就说说扭结面包独特形状的由来。前面提到扭结面包的德语单词来源于拉丁语中手臂这个词。而有关扭结面包的具体形状，则有多种说法。下面就给大家介绍其中最具代表性的三种。

第一种。据说扭结面包原本是修道士们断食时食用的面包，所以面包师模仿修道士手臂交叉后放到双肩上的样子做成了扭结面包的中间部分。

第二种。扭结面包来源于古罗马时代的环形面包。当时的面包是6字形，后来慢慢演化成现在的形状。

第三种。有个面包师冒犯了当地的大人物，因此被判处了死刑。但是，念在这位面包师一直勤勤恳恳地工作，就打算给他一次立功赎罪的机会。这个大人物说："如果你能制作出一款太阳的光芒可以穿透三次的面包，就可以恢复自由之身。"于是面包师回到自己的工作室，做出了这款扭结面包。扭结面包上有三处空隙，所以透过它能看到三次阳光。

在招牌、LOGO上出现的扭结面包

很久以前，面包师们会用扭结面包的造型当做自己的象征。因此，它经常出现在面包师工会的标志、面包店的招牌和面包厂商的LOGO上。就连德国面包师联盟的LOGO上也有扭结面包的身影。

扭结面包造型的使用可谓历史悠久，最早可以追溯到1111年制作的纹样。如今，扭结面包的造型依然很受欢迎，由它衍生出的物品也是种类繁多。

5. 扭结面包形状的演变过程。从最开始的圆环形一直到现在的扭结形。6. 扭结面包的造型还常见于各种饰品，如耳环、项链等。7.SPEYERER BREZELFEST 的 logo 中也有扭结面包元素。8. 将扭结面包横向切开，再抹上黄油。这种吃法在德国南部非常流行。

有关扭结面包的习俗和节日

萨克森地区有一个名叫Brezelsingen的习俗。在复活节三周前的那个星期日，孩子们会拿着自己制作的旗子，边唱歌边到各个农家拜访，农家听完他们唱的歌，就会把扭结面包套到旗子的木棒上。

据说，这一习俗可以追溯到基督教普及之前，它的寓意是赶走寒冬，迎接春天。不过遗憾的是，如今这个习俗已经很少见了。

在莱茵兰-普法尔茨州有个名叫Bretzenheim的小镇，它的纹章就是扭结面包。这个小镇每年都会举办扭结面包节，还会选出一个扭结面包女王。除了Bretzenheim，施瓦本等地以及各地的面包师工会，也会评选扭结面包女王。

莱茵兰-普法尔茨州的施派尔镇，从1910年开始，每年都会举行扭结面包庆典。每到这个时候，都有超过100家的店铺参加，它已经成为当地最大的庆典之一。

9

10

9. 骑着高头大马的扭结面包骑士。他身上穿着特制服装。10. 向民众们分发面包的扭结面包骑士。对当时的贫苦民众来说，骑士们看起来就像救世主。

扭结面包骑士是什么？

不知道大家有没有听说过扭结面包骑士的故事。1318年，慕尼黑一对商人夫妇，将他们从食盐贸易中所得到的财富捐给了市内的圣灵救济院，救济院中的贫苦市民因此有了足够的粮食饱腹。之后，这种救济成了一年一度的惯例，而分发给贫民们的主要食物就是扭结面包。每到这个时候，骑士们都会带着装满扭结面包的篮子到各地分发，或者是呼吁民众自己去救济院领取食物。为了让民众知道自己的到来，骑士们特意将3个马蹄上的马蹄铁弄松，这样人们在很远就能听到马蹄的声音。

这个习俗本来在1801年前后消失了，但2004年爱尔兰人John Eoin Mullarney又将它重现。后来，扭结面包骑士又继续在一年一度的慕尼黑创立纪念日出现。

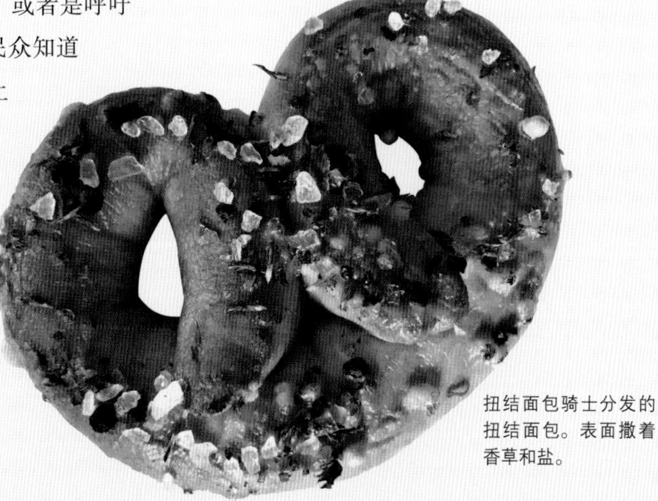

扭结面包骑士分发的扭结面包。表面撒着香草和盐。

德式羊角碱水面包

Laugencroissant

＊区域：德国南部　＊主要谷物：小麦　＊发酵方法：酵母
＊应用：早餐、甜点

材料（8个份）

中种[※1]……166g
小麦粉 550……480g
牛奶……162g
砂糖……90g
盐……15g
鲜酵母……7g
麦芽……3g
黄油……327g
碱水……适量

※1　中种
小麦粉 550……210g
水……210g
鲜酵母……0.3g

Tip

涂碱水时，可以将面团放到有孔的铲子上，这样操作起来更方便。也可以将面团冷冻一下再涂碱水。

制作方法

1. 将中种的材料混合均匀，在室温下发酵 16~18 小时。
2. 将除了 300g 黄油和碱水之外的所有材料倒入揉面机中，用低速挡揉 5 分钟，再用高一挡的速度揉 8 分钟，揉成柔软且有弹性的面团。在室温下发酵 60 分钟左右，然后在 4~6℃下发酵 60 分钟左右。
3. 用保鲜膜包住 300g 黄油，然后擀成 25cm×25cm 的片状，放入冰箱使其变硬。
4. 将 2 中的面团擀成 25cm×50cm、1cm 厚的面片，然后将 3 中的黄油铺到面片上。将面片从两侧向中央折叠。
5. 将 4 擀成 20cm×60cm 的面片，将短边沿距边 20cm 处向内折叠，再将另一条短边折叠到上面。盖上盖子，在 4~6℃的冰箱里醒 45 分钟左右。
6. 将 5 擀成 20cm×80cm 的面片。分别将左右两侧的 1/4 面片向中部折叠。在正中央划出一条线，将左侧面片叠在右侧面片上。盖上盖子，在 4~6℃的冰箱中醒 45 分钟左右。
7. 重复 5 和 6 的操作。
8. 擀成 50cm 长、厚 3~4mm 的片状，切成 8 个约等大的锐角三角形，分别从三角形的底边卷起。在室温下发酵 1.5~2 小时。放置到表面略微干燥。
9. 涂上碱水，放入 230℃的烤箱中，调成 180℃，烤 20 分钟左右。

这是一款涂了碱水的羊角面包。众所周知，羊角面包本来是法国的食物，但近几年在德国也很流行，不过德国的羊角面包一般都是涂了碱水的。德国人喜欢在面包上涂碱水，这一点在贝果上也有所体现，他们会在贝果表面涂上碱水，再撒上种子类。

一般来说，羊角面包的口感都比较酥脆，每一层也比较薄，好像含有很多空气。但德式羊角面包却不一样，它层次更紧密，口感更湿润，吃起来也更有嚼劲。

黑麦餐包

Roggenbrötchen

* 区域：德国　* 主要谷物：黑麦
* 发酵方法：酸种、酵母
* 应用：早餐、零食、制作三明治

材料（9~10 个份）

黑麦酸种Ⅰ ※1
黑麦酸种Ⅱ ※2
泡发谷物 ※3
黑麦粉 1150……285g
水（约 60℃）……80g
麦芽（液体、非活性）……30g
黄油……17g

※1 黑麦酸种Ⅰ
黑麦全麦粉……55g
水（约 35℃）……55g
酵头……11g

※2 黑麦酸种Ⅱ
黑麦酸种Ⅰ ※1
黑麦粉 1150……170g
水（约 30℃）……110g

※3 泡发谷物
粗粒黑麦（中磨）……55g
热水……110g
盐……11g

制作方法

1. 将黑麦酸种Ⅰ的材料混合均匀，在 26℃下发酵 8 小时。
2. 制作黑麦酸种Ⅱ。将黑麦粉和水加到 1 的黑麦酸种Ⅰ中，在 20~22℃下发酵 5 小时。
3. 泡发谷物。将粗粒黑麦和盐倒入沸腾的热水中，搅拌均匀。冷却后放入冰箱冷藏 1~2 小时。
4. 将所有材料倒入揉面机中，用最低速度揉 5 分钟（面团温度为 27℃）。在 24℃下发酵 30 分钟。
5. 用最低速度揉 3 分钟。在 24℃下发酵 30 分钟。
6. 将面团揉圆，然后搓成棒状。分成 9~10 份，再分别揉圆。
7. 撒上干面粉（分量外），在 24℃下发酵 70 分钟。
8. 放入开了蒸汽的 250℃的烤箱中，调成 220℃，烤 20 分钟。

这是一款用黑麦制成的小型面包。虽然尺寸不大，吃起来却很有嚼劲。这款面包有很多种配方，每种配方形状和材料都各不相同，比如莱茵兰地区就有一种名为Raggelchen的黑麦餐包。下面就给大家讲讲有关这款面包的故事。

德国西部的科隆和杜塞尔多夫有一种名叫半只鸡的菜。它的由来众说纷纭，但比较有名的是下面这种说法。

有个年轻人，打算在自己生日那天设宴款待亲朋好友。为了给客人惊喜，他提前跟侍者商量好了，如果有人点半只鸡，就端上这款黑麦餐包和奶酪。客人很喜欢他的这个创意，于是人们就将这种食物命名为半只鸡了。

凯撒面包

Kaisersemmel

* 区域：奥地利、德国南部
* 主要谷物：小麦、黑麦
* 发酵方法：酵母
* 应用：早餐

材料（9个份）

中种 ※1

小麦粉 550……390g

黑麦粉 1150……35g

水（约 20℃）……240g

鲜酵母……4g

盐……7g

黄油……7g

※1 中种

小麦粉 550……130g

水……85g

鲜酵母……4g

盐……3g

制作方法

1. 将中种的材料混合均匀，在 3~4℃下发酵 3 天。
2. 将所有材料倒入揉面机中，用最低速度揉 5 分钟，再用高一挡的速度揉 8 分钟，揉成较硬、紧实且稍微有些粘手的面团（面团温度约为 26℃）。
3. 在 24℃下发酵 90 分钟左右，每隔 30 分钟拿出来折叠。
4. 将面团分成 9 等份，分别揉圆，醒 10 分钟。
5. 将面团放到撒了干面粉（分量外）的台面上，擀成直径 10cm 左右的圆盘形。用手指压出花纹，将花纹朝下放到布上，在 24℃下发酵 45 分钟左右。
6. 将面团翻过来，放到烤盘上，涂或喷上一些水（分量外）。
7. 放入开了蒸汽的 230℃烤箱中烤 20 分钟左右。最后再喷一次水（分量外）。

Tip

除了做成原味面包，还可以撒上芝麻和奇亚籽等做成其他风味面包。

这是一款广为人知的面包，即使是对德国面包不熟悉的人，也都认识它。Kaisersemmel 直译过来是皇帝的面包，关于它名字的由来众说纷纭。

比较著名的说法有三种。第一种说法，凯撒面包是由哈布斯堡帝国的腓特烈三世皇帝命名的。第二种说法，凯撒面包是1730年维也纳的面包师凯撒发明的。第三种说法，18世纪时小麦的价格飙升，深受其苦的面包师工会在1789年向当时的统治者约瑟夫二世申请自由定价，约瑟夫二世看重面包师们的技术，于是答应了这个请求。面包师工会为了纪念这件事，就烤制了一款新面包，并将其命名为凯撒面包。

除此之外，还有两种说法。第一种，在法国统治者约瑟夫二世在位时期，他要求烤制出几种名叫凯撒的食物，这款凯撒面包就是其中一种。第二种，凯撒的名字是从意大利语 a la casa（家风）演化而来的。

无论是哪种说法，都从侧面证明了凯撒面包是一款历史悠久的面包。据证实，从18世纪哈布斯堡帝国女帝玛丽娅·特蕾莎执政开始，这款面包就已经存在了。

凯撒面包最显著的特征是表面放射性的花纹。这些花纹本来是用手制出的，但现在有了专门的模具（P193），可以直接用它压出花纹。

玫瑰面包跟凯撒面包属于同一类，表面也有复杂而漂亮的裂纹，形状很像玫瑰，因此得名玫瑰面包。制作时要将面团揉圆，保持接合处朝下的状态开始发酵，在发酵过程中将面团翻过来再进行烘烤。

双圆小餐包

Doppelsemmel

* 区域：德国南部弗兰肯地区、德国东部萨克森和勃兰登堡地区
* 主要谷物：小麦 * 发酵方法：酵母
* 应用：早餐、甜点、零食

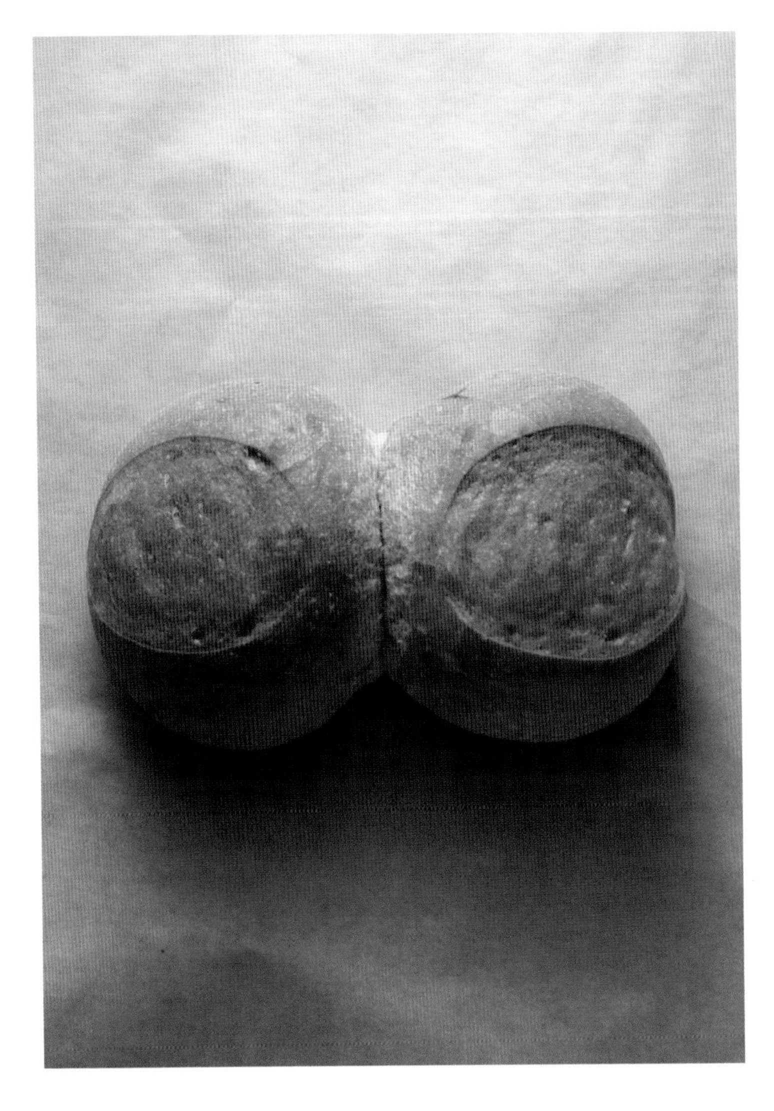

材料（4个份）

小麦粉550……500g

水……200g

牛奶（脂肪含量3.5%）……100g

盐……10g

鲜酵母……4g

黄油……4g

砂糖……2g

制作方法

1. 将所有材料倒入揉面机中，用最低速度揉5分钟，再用高一挡的速度揉8~10分钟，揉成光滑、有弹性且较硬的面团。
2. 盖上盖子，在室温下发酵90分钟。45分钟时拿出来排气。
3. 将面团分成8等份，分别揉圆，每2个粘在一起，然后接合处朝上放到烤盘中。盖上盖子，在8~10℃下发酵10~12小时。
4. 从冰箱里拿出，在室温下静置1小时左右。将面团翻面，在每个圆团上剪出刀口。
5. 放入开了蒸汽的230℃烤箱中，烤20分钟左右。
6. 烤好后马上在表面涂一些水（分量外）。

Doppel等同于英语中的double。这款小餐包的造型是两个圆靠在一起，就像一对双胞胎一样。它的全名是Doppelsemmel，有时也会简称为Semmel。

有一款名叫Wasserweck的面包，跟这款双圆小餐包很像。Wasserweck的造型也是两个圆靠在一起，它还有几个别名，分别是Doppelweck、Paarweck（Paar等同于英语中的pair）和Doppeltes（双倍）等。

看到这款面包，人们可能会联想到两个粘在一起的蛋奶小馒头，或者是雪人吧。这种造型可爱又有趣。

吃的时候要从中间掰开，这个过程也很有意思。

椭圆切割餐包

Schrippe

✶ 区域：德国北部、东部
✶ 主要谷物：小麦 ✶ 发酵方法：酵母
✶ 应用：早餐、零食

材料（8 个份）

小麦粉 550……495g
水……305g
鲜酵母……15g
盐……8g
砂糖……8g

制作方法

1 将所有材料倒入揉面机中，用最低速度揉 5 分钟左右，再用高一挡的速度揉 10 分钟左右。
2 在 24℃下发酵 45 分钟左右。每隔 15 分钟拿出来排气。
3 将面团分成 8 等份，分别揉圆，然后搓成长 8cm 左右、两端略尖的棒状。
4 塑形的方法有两种，一种是将面团揉圆后接合处朝下放置，一种是接合处朝上放置，在 24℃下发酵 30 分钟左右。
5 接合处朝下放置时，15 分钟后要用指尖或细细的棍子按压接合处，压出一段长条形的痕迹。接合处朝上放置时，要在发酵后 22 分钟左右，剪出一个切口。
6 放入充满蒸汽的 230℃烤箱中，烤 20 分钟左右。

椭圆切割餐包是早餐面包的一种，它外表呈椭圆形，中间有一条切割出的凹陷。这个外形正是它名字的来源。在早期的新高德语（1350年到1650年的德语）中，有一个代表撕开、切割的动词Schripfen，它慢慢演化成了Schrippe这个词。

椭圆切割餐包本来是德国北部和东部的面包，如今在其他地区也很常见，人们甚至称之为Brotchen(原指一般的小型面包)。

这款餐包外皮酥脆，里面湿润而柔软，内外口感的反差正是它的魅力所在。在早餐的餐桌上，用刀子将刚烤好的餐包切开，让人瞬间幸福无比。

用椭圆切割餐包夹着汉堡特产——醋渍鲱鱼卷（用醋和盐泡过的烟熏鲱鱼包上泡菜后制成的料理）做成的三明治。

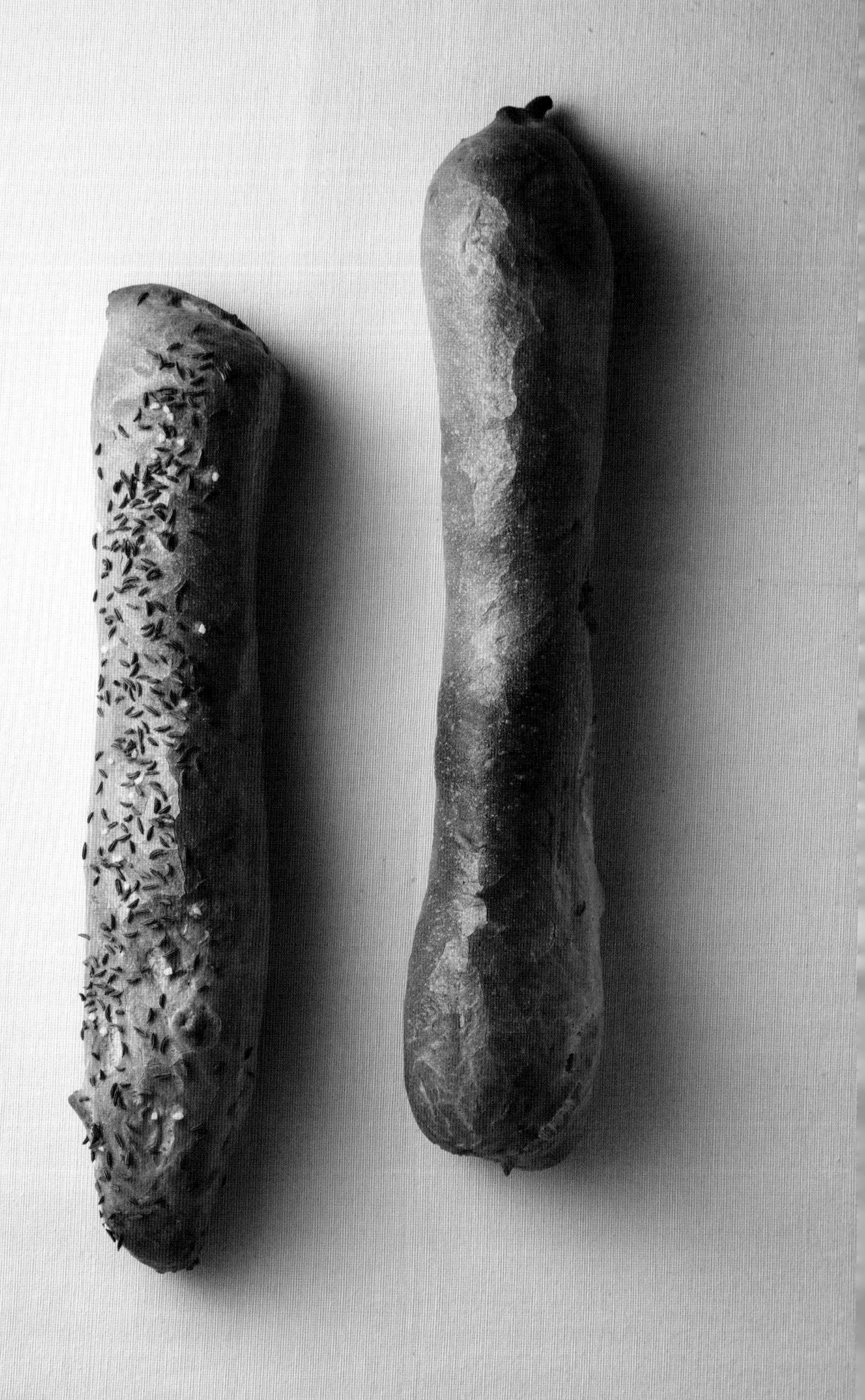

万灵餐包

Seele

- ★ 区域：德国南部的施瓦本地区
- ★ 主要谷物：斯佩尔特小麦
- ★ 发酵方法：酵母
- ★ 应用：早餐、零食

材料（8个份）

中种 ※1
汤种 ※2
斯佩尔特小麦粉630……250g
水A（25℃）……120g
水B（25℃）……40g
鲜酵母……4g
猪油……8g
葛缕子籽……适量
粗盐……适量

※1 中种
斯佩尔特小麦全麦粉……120g
水（20℃）……60g
鲜酵母……1g

※2 汤种
斯佩尔特小麦粉630……28g
水（100℃）……140g
盐……9g

制作方法

1. 将中种的材料混合均匀，在16℃下发酵12~14小时。
2. 制作汤种。将小麦粉、盐和水倒入锅中，边搅拌边加热到沸腾，最后搅拌成黏稠的状态。盖上保鲜膜，在室温下静置4~12小时。
3. 将除了水B、葛缕子籽和粗盐之外的所有材料倒入揉面机中，用最低速度揉8分钟，再用高一挡的速度揉2分钟（面团温度约为24℃）。加入水B，继续揉，揉成柔软均匀的面团。
4. 在20~22℃的室温下发酵3小时左右。刚开始的2小时，每隔30分钟就要在盆中将面团反复折叠。
5. 将面团放到已用水（分量外）沾湿的台面上，撒上葛缕子籽和粗盐。
6. 用沾湿的手捧起面团，然后马上放入270℃的烤箱中，烤12~15分钟。

Tip

最后一步时，不要用单手拿面团，要用双手从台面上将面团捧起。

这款餐包在施瓦本当地被称为万灵餐包，但在其他地区一般被称为施瓦本风万灵餐包。施瓦本地区的斯佩尔特小麦种植量很大，所以万灵餐包也是用斯佩尔特小麦制成的。

Seele在德语中是“灵魂、精神”的意思。以前只有在万灵节才会制作这款面包。在基督教普及之前，人们有给逝者供奉食物的习俗，万灵餐包就是用来供奉的。后来，这个习俗慢慢演化成向孩子和贫穷的人们赠送面包。据说，直到19世纪末，仍有一群被称为Seelgeher的人，到处游荡向农家乞讨。人们普遍认为，前来乞讨的Seelgeher越多，这个农家就会拥有越多的好运。另外，在万灵节制作的面包还有万灵节梯子面包（P128）等。

这款万灵餐包还可以当做恋人之间示爱的信物。以前，将万灵餐包送给心爱的姑娘就意味着向她求婚。一款餐包竟然还能成就如此浪漫的故事，真是太有意思了。

万灵餐包的制作过程也很有特点，比如最后塑形一定要用沾湿的手，还有在表面撒葛缕子籽和粗盐等。万灵餐包内部有很多气泡，口感柔软而蓬松。食用时，可以纵向切开后涂上黄油，或者夹上奶酪等做成三明治。

德国有一个名叫施瓦格明德的小镇，当地有一种面包跟万灵餐包很像，名叫Briegel，是这个小镇的特产。

瑞士餐包

Bürli

* 区域：德国南部、瑞士 * 主要谷物：小麦
* 发酵方法：酵母 * 应用：早餐、零食

材料（8个份）

中种 ※1
黑麦粉 997/1150……25g
小麦粉 550……200g
小麦粉 1050……200g
水（35℃）……300g
鲜酵母……5g
小麦酸种……25g（TA150、需要提前冷藏）
橄榄油……5g
盐……11g

※1 中种
斯佩尔特小麦全麦粉……75g
水……75g
鲜酵母……0.75g

制作方法

1. 将中种的材料混合均匀，在20~22℃下发酵2小时，然后在5℃下醒12小时。
2. 将除了橄榄油和100g水之外的所有材料倒入揉面机中，用最低速度揉5分钟，再用高一挡的速度揉5分钟。将100g水和橄榄油分批少量地加入其中，边加入边揉面团，大概5分钟（面团温度约为28℃）。
3. 在22~24℃下发酵2.5小时。刚开始的90分钟，每隔20分钟就要将面团反复擀开折叠。当面团膨胀至2倍大小时，拿出来排气。
4. 将面团分成每份约150g的等份，从外侧向内侧揉捏，揉圆。
5. 将面团的接合处朝下放置，在22~24℃下发酵30分钟左右。
6. 放入充满蒸汽的270℃烤箱中，调成230℃，烤20分钟左右。开始烤5分钟后关掉蒸汽，将烤箱门打开，留出门缝，保持这个状态继续烘烤（或者在烘烤过程中分几次排出蒸汽）。

据说这款餐包是在瑞士东部诞生的。它在德国南部很常见，因此当做德国餐包介绍给大家，但实际上它是瑞士的餐包。这一点从名字上也可以看出，单词末尾的-li是瑞士德语的特征。它的尺寸大小不一，有时会做成两个餐包粘在一起的形状，这种餐包被称为双瑞士餐包。除此之外，还可以做成四个餐包粘到一起的形状。制作时可以剪出刀口，也可以不剪。形状不只是方形，还可以做成圆形。

不同地区对这款餐包的称呼也各不相同。在德国，它被称为Schweizer Burli。在瑞士本国有巴塞尔风、圣加仑风等品种。

很久以前，瑞士人一般不吃这款餐包，只有带餐食的旅馆会提供，因此，这款瑞士餐包在主要街道上才有。

斯佩尔特小麦餐包

Dinkelwecken

* 区域：德国南部
* 主要谷物：斯佩尔特小麦
* 发酵方法：酵母
* 应用：早餐、甜点、零食

材料（2 块 /8 个份）

中种 ※1

泡发谷物 ※2

斯佩尔特小麦粉 1050……200g

温水……25g

鲜酵母……2g

盐……9g

砂糖……5g

黄油……5g

※1　中种

斯佩尔特小麦全麦粉……200g

水……160g

鲜酵母……0.5g

※2　泡发谷物

粗粒斯佩尔特小麦……100g

水……125g

制作方法

1. 将中种的材料混合均匀，在室温下发酵 16 小时左右。
2. 泡发谷物。将材料混合均匀，在冰箱冷藏 8~10 小时，将谷物充分泡发。
3. 将所有材料倒入揉面机中，用最低速度揉 8 分钟，再用高一挡的速度揉 2 分钟，揉成紧实的面团。
4. 发酵 2 小时，分别在 45 分钟和 90 分钟时将面团拿出来折叠。
5. 将面团分成 8 等份，揉圆后稍微醒一会儿。塑形时，可以将 4 个面团揉成椭圆，然后放到模具里，这样就能做出像图片一样的造型。也可以揉圆，再剪出十字形刀口。
6. 如果打算做圆形面包，要将面团正面朝下放到撒了干面粉（分量外）的布上。如果打算做成像图片一样的造型，放入模具后要继续发酵 45 分钟左右。
7. 烘烤圆形面团，烘烤前要先翻到正面。放入 230℃的烤箱中，调成 200℃，烤 15~20 分钟（具体时间根据面团大小调整）。

Tip

有很多种塑形方法，比如按平后剪出刀口再折叠起来，可以按照个人喜好自由选择。

Dinkel 在德语中是“斯佩尔特小麦”的意思，顾名思义，这是一款用斯佩尔特小麦制成的小型面包。Wecken 是德国南部的方言，它等同于标准德语中代表“小型面包”的 Brotchen。

这款面包的主要材料是斯佩尔特小麦粉或斯佩尔特小麦全麦粉。有的面包师会做成像图片一样的造型，但还是圆形餐包比较常见。

如果做成像图片一样的造型，最好切成厚片再食用。如果做成圆形餐包，可以直接拿起来吃，也可以横向切开后夹上自己喜欢的食物。

芬尼餐包
Pfennigmuckerl

* 区域：德国南部的慕尼黑
* 主要谷物：小麦、黑麦
* 发酵方法：酸种
* 应用：早餐、甜点、零食

材料（4个份）

中种 ※1

小麦粉 550……70g

黑麦粉 1150……35g

酵头（由小麦酸种做成）……20g

水……55g

鲜酵母……3g

盐……3g

大麦麦芽……10g

黑麦麦芽……2g

※1　中种

小麦粉 550……70g

水……50g

鲜酵母……2g

盐……1.5g

制作方法

1 将中种的材料混合均匀，在室温下发酵 60 分钟左右，然后放入冰箱醒 48 小时。

2 将所有材料倒入揉面机中，用最低速度揉 5 分钟，再用高一挡的速度揉 5~8 分钟。醒 30 分钟。

3 分成每份约 20g 的小面团，揉成圆形后接合处朝下放到烤盘上，将每 4~5 个小面团粘到一起。盖上盖子，在室温（24~26℃）下发酵 60 分钟左右。

4 放入开了蒸汽的 250℃烤箱中，调成 230℃，烤 15~18 分钟。

这是在德国慕尼黑诞生的餐包，它的别名是Pfennigmuggerl。从很久以前开始，慕尼黑就很流行一种名为“面包时间”（P28）的习惯，而这款芬尼餐包就是在面包时间吃的传统小型面包之一。这类小型面包被统称为Münchener Brotzeitsemmeln。

如今，制作芬尼餐包的店铺越来越少，为了保护它，德国SLOW FOOD协会将它登记在“美味方舟”里，跟它一起登记的还有这一类小型面包。

关于芬尼餐包名字来源说法主要有2种。第一种说法是，因为它的造型很像一堆硬币叠放在一起（芬尼是德国的旧货币单位）。第二种说法是，这款餐包在当时的售价是1芬尼。

芬尼餐包是用黑麦制成的，所以比一般的小麦面包保存时间更长。它的形状很可爱，而且名字又叫芬尼，用它代替零用钱发给小孩子，一定很有趣吧。

椒盐长条餐包
Salzstange

✶ 区域：德国南部 ✶ 主要谷物：小麦 ✶ 发酵方法：酵母
✶ 应用：早餐、甜点、零食

材料（8 个份）

中种 ※1
汤种 ※2
小麦粉 550……315g
黑麦粉 1150……30g
冷水……10g
鲜酵母……5g
黄油……7g
葛缕子籽……适量
粗盐……适量

※1 中种
小麦粉 550……95g
水……95g
鲜酵母……0.1g

※2 汤种
水……150g
小麦粉 550……30g
盐……9g

制作方法

1 将中种的材料混合均匀，在 20℃下发酵 20 小时。
2 制作汤种。将材料倒入锅中，边搅拌边加热到沸腾，1~2 分钟后关火，搅拌成黏稠的状态。盖上盖子，在冰箱冷藏 4~12 小时。
3 将所有材料倒入揉面机中，用最低速度揉 5 分钟，再用高一挡的速度揉 10 分钟，揉成较硬、紧实且不粘的面团即可（面团温度为 28℃）。
4 在 24℃下发酵 90 分钟左右，每隔 30 分钟将面团翻面。
5 将面团分成 8 等份（每份约为 90g），分别揉圆，醒 5 分钟左右，然后擀成厚 2~3cm 的椭圆形。
6 将面团纵向放置，从远侧向自己的方向卷起。卷好后稍微滚动几下，使形状变得更细长。
7 在 24℃下发酵 30 分钟左右。
8 涂上一些水（分量外），再撒上粗盐和葛缕子籽。放入开了蒸汽的 230℃烤箱中烤 15 分钟左右。

Salzstange是由“Salz（盐）”和“Stange（长条）”这两个词组成的，所以这款面包翻译过来就是撒了盐、芝麻、葛缕子籽等的长条餐包。

看到这款椒盐长条餐包，很多人都会联想到细长酥脆的椒盐脆饼。不过，椒盐脆饼是美国的食物。在很久以前，德国南部的人移民到美国后，为了推广德式面包做出了长条形的碱水面包，后来就慢慢演化成了现在的椒盐脆饼。

德国的椒盐面包在造型时，一般是擀开后再卷起来，外形有点像羊角面包。

因为它本身是咸的，所以很适合搭配啤酒，也适合当主食。

各种杂粮小餐包

Diverse Brötchen

* 区域：德国
* 主要谷物：小麦、黑麦等
* 发酵方法：酵母
* 应用：早餐、零食

图片上方的圆形餐包

材料（9 个份）

泡发谷物 ※1

小麦粉 550……134g

小麦全麦粉……107g

黑麦全麦粉……27g

水……107g

亚麻籽油……14g

鸡蛋……1 个

鲜酵母……7g

※1　泡发谷物

燕麦……32g

亚麻籽……32g

小麦麸皮……21g

粗粒小麦粉……21g

水……134g

盐……8g

制作方法

1. 泡发谷物。将材料混合均匀，静置 2 小时以上，使谷物充分泡发。
2. 将所有材料倒入揉面机中，用低速挡揉 3 分钟，再用高一挡的速度揉 3 分钟，揉出少许面筋。在冰箱中醒 10~12 小时，中间拿出 2、3 次排气。
3. 将面团分成 9 等份，分别揉圆。接合处朝上放置，盖上盖子，醒 20 分钟左右。
4. 塑形后，在室温下发酵 1~1.5 小时。
5. 放入开了蒸汽的 250℃烤箱中，烤 20 分钟。

图片下方的方形餐包

材料（10~12 个份）

中种 ※1

黑麦粉 1150……100g

小麦粉 550……150g

瓜子仁……50g+ 适量

鲜酵母……7.5g

盐……7.5g

水……160g

※1　中种

黑麦粉 1150……250g

水……250g

酵头……50g

制作方法

1. 将中种的材料混合均匀，醒 20 小时左右。
2. 将除了瓜子仁之外的所有材料倒入揉面机中，用低速挡揉 3~4 分钟，再用高一挡的速度揉 8 分钟。加入 50g 瓜子仁，继续揉 3 分钟左右。盖上盖子，醒 30 分钟左右。
3. 分成 80~100g 的小面团，揉成圆形或方形。接合处朝下放置，在表面涂一些水（分量外），撒上适量的瓜子仁。在 28~30℃下发酵 40~50 分钟。
4. 放入开了蒸汽的 250℃烤箱中，调成 210℃，烤 15 分钟左右。

德国有超过1200种的小型面包，种类太多没有办法一一介绍，本书只挑选了一些最具代表性的。从本书的德国面包分类（P184）可以看出，大型面包和小型面包的区别只是大小不同。如果它们的名字相同，就代表它们使用了同样的谷物和配比。

因此，很多大型面包的配方也可以应用到小型面包中。小型面包有很多优点，不但品种繁多，而且携带方便，还可以一次买很多种。

除此之外，人们还经常用小型面包制作三明治。在德国的面包店里，有很多种用小型面包做成的三明治。小型面包使用的谷物种类丰富，以小麦粉为主，还有全麦粉和黑麦粉等。三明治里夹的食材也有很多选择，如奶酪、火腿、萨拉米、香肠、蔬菜等。看着玻璃柜台里琳琅满目的三明治，选出自己想吃的，绝对是一件很开心的事。

专栏 5

黄油面包

黄油和面包，两种最基本的食物
在德国的吃法

将黄油涂在面包上，再撒一些盐，这是非常简单的吃法。面包、黄油和盐都是很普通的食物，但配在一起却让人百吃不厌。有人还会在上面撒一层小葱。

Butterbrot指的是涂了黄油的面包。面包和黄油这两种食物历史悠久，各地的吃法不尽相同。下面就给大家介绍一下。

涂抹很多黄油，这是德国的吃法

在德国，吃面包时黄油必不可少，而且通常会涂很多。涂完黄油后，黄油基本覆盖了面包上的气孔。这种做法不像是涂黄油，更像是将黄油直接放到面包上。

第一次看见这种吃法时，可能会有些惊讶，但吃过后就会发现，这样比薄涂好吃很多。面包配上柔滑的黄油，简单的搭配让人很满足。

在德国，人们并不将黄油当成一种油，而是当作一种普通的食物。德国的无盐黄油较多，根据制法黄油大致分为3种，分别是发酵黄油、非发酵黄油和中度发酵黄油。每种黄油都有自己的特点，大家可以根据喜好和需求选择。

黑麦面包与黄油更配

德国人喜欢用黑麦面包搭配黄油。黑麦面包有一种特殊的酸味，跟柔滑的黄油很搭。

实际上，黄油的作用不只是调味，它还能防止其他食材的水分渗入面包里。而且它有一定的黏性，能让食材更好地混合。

人们一般将黑麦面包作为主食食用，用它搭配其他食材时，基本都会选择黄油。

德国有很多种黄油。有发酵的和非发酵的、加盐的和无盐的、有机黄油等，食用时对比一下味道，也是一件非常有趣的事。

从中世纪流传下来的饮食文化

黄油面包不仅仅指涂了黄油的面包。从广义上来说，在面包和黄油上放香肠等食材后，也是黄油面包的一种。

黄油配面包是从古代流传下来的吃法，最早可以追溯到中世纪。

黄油面包在德国名著《少年维特的烦恼》中出现过。宗教改革家马丁·路德也曾于1525年写下这样一句话——“黄油面包是对孩子们有益的食物”。

不过到了现代，黄油面包的概念却变得越来越模糊。黄油面包已不仅仅指涂了黄油的面包，在此基础上涂果酱，或放上奶酪和火腿等，也属于黄油面包的范畴。

德国还有汉堡黄油面包，它并不是汉堡包，而是将小型白面包横向切开后，取一半涂上黄油，再放上奶酪和一片黑面包。

德国黄油的分类

发酵黄油（Sauerrahmbutter）	在冷却的奶油中加入乳酸菌，发酵7~10小时后熟成。
非发酵黄油（Süßrahmbutter）	Süßrahm直译过来是甜奶油的意思。制作过程不需要发酵，也不用往奶油里加乳酸菌，直接在10℃左右的温度下静置几小时（最长不超过15小时）后熟成。
中度发酵黄油（Mildgesäuerte Butter）	Mild在德语中是中等的意思，它跟非发酵黄油一样，什么也不加直接熟成。熟成后再加入乳酸菌或乳酸。

节庆面包

Festtagsgebäck

* * *

在德国，节日和庆典少不了面包的身影。以基督教的节日为主，德国人食用面包的节日主要有新年、复活节、圣诞节等。在日本家喻户晓的史多伦面包，就是德国人用来庆祝圣诞节的食物之一。节庆面包的外形和材料，都有着特殊的寓意。只有了解了这些寓意，才能更深地理解德国的饮食文化。

新年扭结面包

Neujahrsbrezel

✶ 区域：德国南部
✶ 主要谷物：小麦
✶ 发酵方法：酵母
✶ 应用：新年

材料（1个份）

中种 ※1

汤种 ※2

小麦粉 550……280g

牛奶（脂肪含量 3.5%）……65g

鲜酵母……10g

鸡蛋……约 50g（1个）

盐……5g

砂糖……25g

黄油……70g

蛋液……1个份

※1 中种

小麦粉 550……100g

牛奶（脂肪含量 3.5%）……100g

鲜酵母……0.1g

※2 汤种

牛奶（脂肪含量 3.5%）……75g

小麦粉 550……15g

制作方法

1. 将中种的材料混合均匀，在室温下发酵 20 小时。
2. 制作汤种。用牛奶溶解小麦粉，边搅拌边加热到 65℃。待呈黏稠状时关火，继续搅拌 2 分钟左右。冷却后在冰箱里醒 4 小时以上。
3. 将除了黄油、砂糖和蛋液以外的所有材料倒入揉面机中，用最低速度揉 5 分钟，再用高一挡的速度揉 10 分钟，揉成稍硬的面团。加入黄油和砂糖，继续揉 10 分钟。在 24℃下发酵 90 分钟左右。
4. 发酵到 60 分钟时，拿出来排气。
5. 取出 210g 的面团，分成 3 等份，分别揉圆，醒几分钟。趁着醒面时，将剩下的面团揉成一个圆团，醒 15 分钟左右。
6. 将剩下那个圆团搓成 90cm 长的条状，做成扭结面包的造型。
   ※ 如果圆团过于紧实，可以再醒 10 分钟。
7. 将分成 3 等份的面搓成长 30cm、中间粗两头细的棒状，然后编成辫子状。将编好的辫子造型面团放到 6 的扭结面包造型的面团上。
8. 涂上蛋液，在 24℃下发酵 60 分钟左右。
9. 再涂一次蛋液，放入 200℃的烤箱中，调成 180℃，不开蒸汽烤 30 分钟左右。

在德国，新年吃的面包被统称为Neujahrsgebäck。跟平时吃的扭结面包（P84）一样，新年扭结面包也有很明显的地域差异。最大的差异是做法，有的地方会涂蛋液；有的地方会涂碱水；有的地方则会在面团里加牛奶和砂糖。另一大差异是面包的大小和外形。图片上的扭结面包是直径30cm以上的大面包，当然也有比它小一些的，外形上，有些面包有辫子造型，有些面包没有，有些面包还会装饰上年号等。

德国人在新年时吃这款面包，认为它会给新的一年带来好运。人们会在新年前一天到面包店购买这款面包，或是自己在家烘烤，然后在新年当天和家人一起享用。吃的时候会涂上黄油、果酱等，或者是泡咖啡食用。

新年扭结面包的寓意是祛除疾病、饥饿等不幸。它的造型模仿了花环和桂冠，所以它又象征着好运和健康。在新年吃下有着美好寓意的面包，真是符合德国风格的习俗。

据说，新年时为了祛灾免祸，人们还会将面包分给家畜。

德国还有一款面包名叫Gebildbrot，它的外形多种多样，但基本都是模仿动物或物体的形状。

除了食物，德国还有很多象征新年交好运形象的面包，比如四叶草、猪、马蹄铁、瓢虫、烟囱清洁工等。

新年圆环面包

Neujahrskranz

★ 区域：德国
★ 主要谷物：小麦
★ 发酵方法：酵母
★ 应用：新年

材料（1个份）

中种[※1]

汤种[※2]

小麦粉550……250g

斯佩尔特小麦粉630……50g

鲜酵母……8g

砂糖……5g

黄油……60g

葡萄干（用水、朗姆酒、苹果汁等浸泡24小时）……100g

蛋液……适量

化开的黄油……适量

珍珠糖……适量

纵向切开的杏仁……适量

※1 中种

小麦粉550……150g

牛奶（脂肪含量3.5%）……100g

鲜酵母……1.5g

※2 汤种

小麦粉550……50g

牛奶……200g

盐……8g

制作方法

1 将中种的材料混合均匀，在16℃下发酵16小时左右。

2 制作汤种。将材料倒入锅中，边搅拌边加热到65℃。加热至黏稠状后关火，继续搅拌1~2分钟。冷却后在冰箱里冷藏4小时以上。

3 将中种、汤种、小麦粉、斯佩尔特小麦粉、鲜酵母、砂糖倒入揉面机中，用最低速度揉6分钟，再用高一挡的速度揉2分钟。将黄油捏碎后加入揉面机中，用同样的速度揉3分钟。将沥干的葡萄干加入其中，继续揉1分钟左右。

4 在20℃下发酵2小时。在60分钟和90分钟时拿出排气。

5 将面团分成3等份，揉成细长的棒状，编成辫子造型并做成环形。涂上蛋液，在约8℃的冰箱里发酵12小时。

6 再涂一次蛋液，在180℃的烤箱中烤40分钟左右。涂上化开的黄油，撒上珍珠糖和纵向切开的杏仁做装饰。

这款新年圆环面包的吃法跟新年扭结面包（P114）差不多，它在北莱茵-威斯特法伦州的明斯特兰地区历史悠久，因此，人们还称其为明斯特兰圆环面包。

明斯特兰圆环面包的材料有很多特殊寓意。用来编辫子的第1根面棒里，放了杏仁蛋白软糖、杏仁、开心果、白兰地等做成的馅，寓意为让食用这款面包的人得到快乐和幸福。第2根面棒里放了葡萄干，它代表健康和力量。第3根面棒里什么也不放，意味着自然、思考、本质和自己。然后，做成圆环的形状，寓意着成功。编成辫子的三根面棒分别代表快乐、幸运、健康这3种祝愿。

德国其他地区的人们也会食用新年圆环面包，但跟明斯特兰圆环面包的做法有所不同，其他地区的新年圆环面包用的是加了牛奶和砂糖的酵母面团，而且不放任何馅。

德国的萨尔兰州也有食用新年圆环面包的习俗。每到新年，萨尔兰州的孩子们都要去拜访他们的教父母（见证孩子基督教洗礼的男性和女性）。拜访时寒暄后，男孩子就会收到新年扭结面包，而女孩子则会收到新年圆环面包。

上述配方中的主要谷物是普通小麦粉，其实也有主要谷物是小麦全麦粉和斯佩尔特小麦粉的配方。

新年糕点面包

Neujahrsgebäck

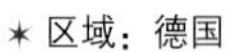

* 区域：德国
* 主要谷物：小麦
* 发酵方法：酵母
* 应用：新年

材料（10 个份）

小麦粉 550……2.5kg

黄油……250g

砂糖……250g

鸡蛋……250g

酵母……125g

盐……25g

磨碎的柠檬皮……适量

香草……适量

牛奶……870mL

蛋液（或用水稀释的蛋液）……适量

葡萄干……适量

制作方法

1 将除了蛋液和葡萄干之外的材料混合，揉成均匀的面团（面团温度为 25℃），醒 30 分钟。
2 将面团分成 10 等份，每份面团继续分成 8 个约 50g 的小面团和 1 个约 20g 的小面团。将 50g 的小面团揉成圆形，再揉成长 20cm 的棒状，两端要细一些。摆成放射状，一端要像图示一样卷起来。
3 将 20g 面团做成螺旋形，放在 2 的中央。
4 表面涂上蛋液或用水稀释过的蛋液，在卷起的部分放上葡萄干做装饰。
5 发酵 45 分钟，放入 200℃的烤箱中烤 18 分钟左右。

德国用来庆祝新年的面包有很多种，这款糕点面包就是其中之一。德国新年面包的统称跟新年糕点面包一样，都是 Neujährsgebäck，很容易混淆。很久以前，有个地区的人将新年糕点面包称为 Neujährchen。它的形状有很多种，比如像右侧的图片一样，将两端反方向卷起来，再组成十字形，或者做成硬币形。

德国还有一种用华夫饼卷鲜奶油制成的新年甜点，它是北部巴登－符腾堡州的新年食物，因为外形独特，它还有一个别名叫“新年的号角”。

造型独特的新年糕点面包。它是由两个反向卷起的面棒组成的十字形面包。

照片来源：Handwerksbäcker Düsseldorf

专栏6

德国的新年前一天和新年

用独特的习俗
迎接新年到来

用杏仁蛋白软糖制成的小猪。猪寓意着丰衣足食，它的头上和脚下分别装饰着象征好运的瓢虫和四叶草。

注铅占卜的道具。用蜡烛将铅加热至熔化，然后滴到后面盛着水的盆里。

德国的新年前一天和新年的习俗跟日本有很大区别。德国的新年前一天叫Silvester，是因为12月31日是罗马教皇西尔维斯特一世（Sylvester Ⅰ）的纪念日。

在日本，1月是一年中最重要的时间，但在德国最重要的日子是圣诞节。虽然1月1日在德国也算正式的节庆日，但持续时间不像日本那么长，而且两国的庆祝方式也大相径庭。

在12月31日这一天，德国的习俗是吃柏林炸面包

每到年末，德国各个店铺都会推出象征好运的小物件或糕点。人们会选购一些送给亲近的人。在德国，象征好运的除了世界闻名的四叶草之外，还有猪、马蹄铁、瓢虫、1芬尼的硬币、毒蝇伞、烟囱清洁工等。

德国人习惯跟家人一起庆祝圣诞节，但在12月31日这一天一般是跟朋友一起去派对狂欢。派对上有一个很有趣的习俗，就是一起吃柏林炸面包（P166）。有人会提前准备好数量跟人数一致的炸面包，不过其中一个会混入芥末或木屑馅，这样吃面包时就会像玩俄罗斯轮盘一样刺激。

还有一个名为“注铅”的习俗，人们会将铅块放到勺子上，然后用蜡烛加热勺子，使铅块化开并滴到盛满水的盆或水桶里。人们会观察铅凝固的形状占卜新年的运势。

用烟花和爆竹热闹地迎接新年

临近午夜12点时，人们会开始倒数，等到新年来临的时候，互相问候一句“新年快乐”。然后，再一起干杯，畅饮塞克特酒（德国的起泡酒）。

在庭院或屋外庆祝的人，会赶在新年到来的瞬间，燃放烟花和爆竹。五彩缤纷的烟花和喧闹的爆竹声，预示着新的一年开始了。

新年派对结束后的第2天，人们会正常上班，比起日本，德国的新年有些平淡。

在德国，新年来临的瞬间，到处都会燃放烟花和爆竹。

施瓦本早餐包

Mitschele

- ★ 区域：德国南部的施瓦本地区
- ★ 主要谷物：小麦
- ★ 发酵方法：酵母
- ★ 应用：早餐、新年

材料（11 个份）

中种 ※1

小麦粉……320g

砂糖……40g

黄油……80g

盐……10g

鲜酵母……15g

牛奶……400g

蛋液……适量

※1 中种

小麦粉……80g

鲜酵母……1g

水……50g

制作方法

1 将中种的材料混合均匀，在冰箱里醒一晚。

2 将除了蛋液之外的所有材料混合，揉成面团。醒 15~20 分钟。

3 将面团分成几个约 90g 的小面团。揉成圆形，醒 5 分钟。

4 将小面团揉成较短的棒状，然后用手指在两端捏出如前页图的圆球造型。

5 涂上蛋液，发酵 45 分钟至 1 小时。发酵 20 分钟后，再涂一次蛋液，然后切出像前页图一样的网格刀口。

6 放入 210~220℃的烤箱中，烤 12~14 分钟。

Tip

烘烤过程中要多观察，颜色不要烤得太深。

Mitschele词尾的“le”，代表这款面包是施瓦本风味的。在施瓦本地区，这款早餐包是最常见的面包之一，它最大的特点是独特的外形，主体是椭圆形的，上面有网格刀口，两边有两个圆球造型。

这款面包的两端不是揉成圆球后粘到面团两侧的，而是直接在一整个面团上捏出的造型。具体做法是用小指侧将面棒按出一个凹陷，再前后滚动，使两边形成圆形的凸起。这种复杂而精致的造型，是最能体现面包师技术的。

这款面包原本只在新年后一段时间食用，后来渐渐变成了日常吃的早餐面包。我曾经询问过当地的面包师这款餐包的名字和外形的由来，但他们也不是很清楚。也许是因为它太常见，所以才没人在意它的由来吧。不过它演变的过程，肯定非常有意思。

施瓦本早餐包里放了砂糖，不用涂果酱，单吃就很美味。德国的设计一般给人严谨朴实的印象，但这款早餐包的外形却颠覆了这种印象。它的造型可爱又有趣，让人看了就会很开心。早餐吃了这样一款面包，感觉一天都会有好心情。

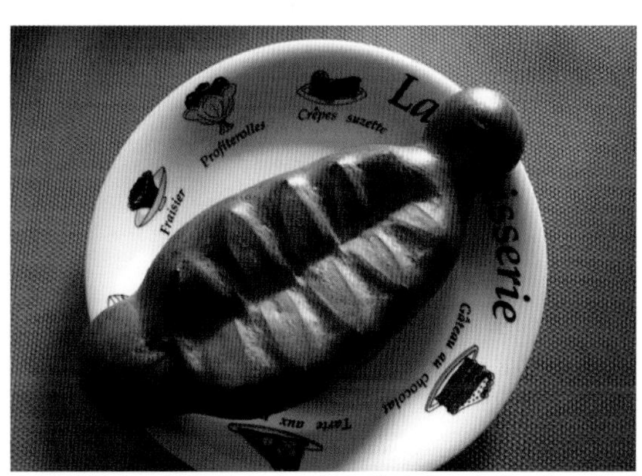

法兰克福有一款跟施瓦本早餐包外形差不多的面包。名叫Stutzweck，是在新年前一天烘烤，新年当天食用的。Stutzweck一端的凸起代表过去一年，另一端的凸起代表新的一年，中间的12道条纹代表一年的12个月。

（罗伊特林根）星状面包

(Reutlinger)Mutschel

★ 区域：德国南部巴登－符腾堡州的罗伊特林根
★ 主要谷物：小麦
★ 发酵方法：酵母
★ 应用：星状面包日当天

材料（约 9 个份）

中种 ※1
小麦粉……400g
盐……10g
鲜酵母……15g
黄油……75g
牛奶……200g
蛋液……适量

※1 中种
小麦粉……100g
水……65g
鲜酵母……1g

制作方法

1 将中种的材料混合，在冰箱里醒一晚。
2 将除了蛋液之外的所有材料混合，揉成面团。醒 5~10 分钟。
3 将面团分成每个约 95g 的小面团，醒 5 分钟。
4 将面团揉圆并按平。用小刀在圆饼边缘切下 8 个角，然后在面饼上捏出 8 个尖角。用剩下的面团做出一个方形面团和一个辫子造型面团，像上页图一样放在八角面饼的中心。
5 涂上蛋液，发酵 45 分钟左右，发酵到 20 分钟时再涂一次蛋液。
6 放入 210~220℃的烤箱中，烤 15 分钟左右。

这是诞生于罗伊特林根的面包。它最大的特征是独特的外形，主体有八个角，中间分别有一个辫子造型和方形凸起。

关于星状面包的来源，有很多种说法。第一种说法，中心的凸起代表当地的阿卡尔姆山，8个角代表重要职业的工会。第二种说法，它是以圣诞星为原型做出来的。第三种说法，它是由14世纪的面包师阿尔布雷克特·穆加尔研制出来的。

这款星状面包是在星状面包日时吃的。这个节日和食用星状面包的习俗从13世纪开始就存在了。

星状面包日是什么日子呢？对基督教有所了解的人，应该都知道1月6日的主显节。主显节时，人们一般会吃法式国王饼。而主显节后的第一个周四，就是星状面包日。

节日当天，德国人会聚集到当地的小酒馆，用骰子玩一些游戏。比如，将3个骰子放入杯子里，用手摇晃杯子，摇出点数多的人赢。这些历史悠久的小游戏，虽然简单却很有意思。

这款星状面包的名字（德语名）跟施瓦本早餐包（P120）很像，但外形却完全不同。施瓦本早餐包是施瓦本地区最常见的面包之一，它的主体是一个椭圆形，上面有网格刀口，两侧有圆球造型。

© Corinna Spitzbarth

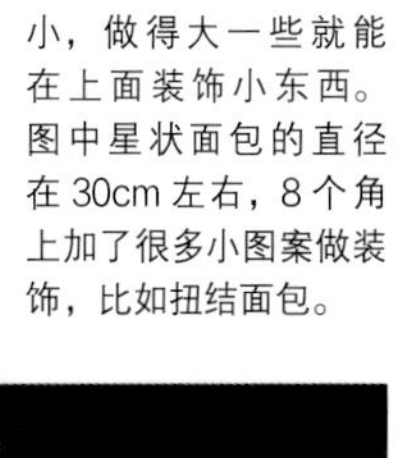

星状面包的尺寸可大可小，做得大一些就能在上面装饰小东西。图中星状面包的直径在 30cm 左右，8 个角上加了很多小图案做装饰，比如扭结面包。

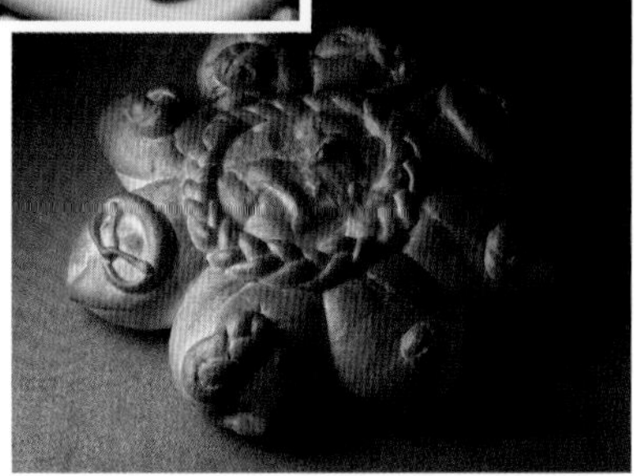

节日当天，人们会用杯子、骰子和星状面包做一些小游戏。

复活节兔子面包
Osterhase

- ✶ 区域：德国
- ✶ 主要谷物：小麦
- ✶ 发酵方法：酵母
- ✶ 应用：复活节

材料（8 个份）
小麦粉 505……1kg
鲜酵母……50g
牛奶（温热的）……500g
黄油……200g
砂糖……100g
鸡蛋……2 个
盐……1 小撮
磨碎的柠檬皮……适量
蛋液……适量
葡萄干……8 粒
珍珠糖……适量

制作方法

1. 将小麦粉筛入碗中，加入捏碎的鲜酵母，再倒入牛奶，搅拌均匀后发酵 15 分钟左右。
2. 将黄油化开，与砂糖、鸡蛋、盐和磨碎的柠檬皮混合，加入 1 中，揉成光滑细腻的面团。
3. 将面团分成 8 个约 180g 的小面团和 8 个约 70g 的面团。
4. 将 180g 的面团搓成长 30cm 的棒状，再卷成螺旋状（兔子的身体）。将 70g 的面揉成椭圆，其中一端揉成细长状（兔子的头部）。用蛋液将兔子的头部和身体粘在一起，将椭圆面团剪开，做出耳朵。发酵 15 分钟。
5. 按入葡萄干当眼睛，涂上蛋液，发酵 30 分钟。
6. 再涂一次蛋液，撒上珍珠糖，放入 200~210℃的烤箱中，烤 15~20 分钟。

这是复活节时食用的面包。在西欧的基督教传说中，兔子和羊是复活节的代表性动物。据说，兔子会在复活节出现，将复活节彩蛋藏起来。而小孩们的任务就是寻找这些彩蛋。

这款兔子面包的最大特征是螺旋形的身体。除了图示中的兔子面包，还有其他形状的兔子面包。比如用模具压出的兔子形面包，或是只有兔子头部形状的面包，还有些面包造型是兔子抱着鸡蛋。不过，兔子的眼睛基本都是用葡萄干做成的。现在还有两只兔子的对称模具，用它就能烤出立体的兔子形面包。

复活节时，兔子图案很受欢迎，除了做成面包，还会做成饼干或巧克力等甜点。

德国人移民到美国后，将他们的复活节习俗也带到了那里。现在，这种德式的复活节兔子面包，在美国也很常见。

古巴伐利亚复活节面包

Altbayerisches Osterbrot

✶ 区域：德国南部巴伐利亚地区
✶ 主要谷物：小麦
✶ 发酵方法：酵母
✶ 应用：复活节

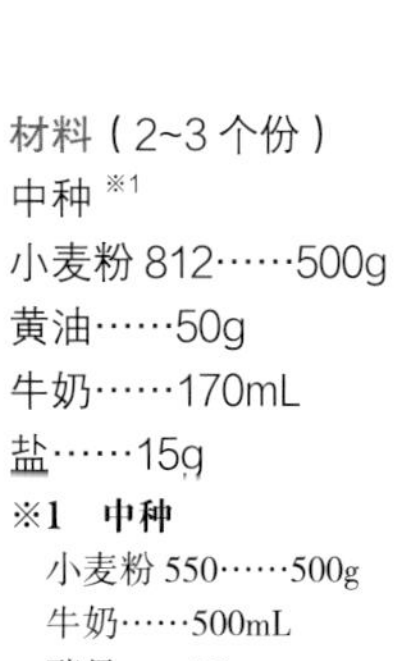
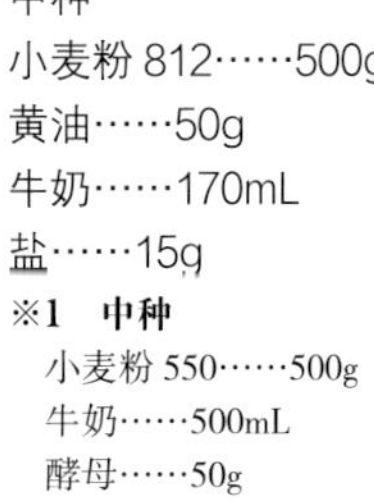

材料（2~3 个份）

中种 ※1

小麦粉 812……500g

黄油……50g

牛奶……170mL

盐……15g

※1　中种

小麦粉 550……500g

牛奶……500mL

酵母……50g

制作方法

1. 将中种的材料混合均匀，在 25℃下发酵 60 分钟左右。
2. 将所有材料倒入揉面机中，揉成光滑细腻的面团。在室温下发酵 90 分钟左右。
3. 取出 600g 的面团，擀成直径 30cm 的圆盘形，发酵 1 小时。当发酵 20 分钟后，用叉子做出花纹，发酵到 45 分钟时，在表面涂一些牛奶（分量外）。
4. 放入 180℃的烤箱中，烤 25 分钟左右。烘烤时，烤箱要留一条门缝。

Tip

烤好后要尽快吃完。

这是古巴伐利亚的复活节面包。古巴伐利亚位于现在的巴伐利亚州东半边，也就是上巴伐利亚地区、下巴伐利亚地区和上普法尔茨地区。生活在这片地区的人们，被称为巴伐利亚人。

德国各地有着各种各样的复活节面包。德国人在复活节前有断食的习俗，而复活节当天吃面包，则标志着断食的结束。

最常见的德式复活节面包，是用加了牛奶和砂糖的甜面团制成的。制作时一般会加入葡萄干、橙子皮、柠檬皮等，表面还会撒上砂糖。形状一般是圆形的，而且有一定的厚度。本页介绍的复活节面包，算是比较罕见的。它的配方里没有砂糖，而且形状也是扁平的，这也从侧面证明了德国面包种类丰富。

复活节王冠面包
Osterkranz

✶ 区域：德国
✶ 主要谷物：小麦
✶ 发酵方法：酵母
✶ 应用：复活节

材料（6 个份）
小麦粉 505……1kg
鲜酵母……50g
牛奶（温热的）……500g
黄油……200g
砂糖……100g+ 适量
鸡蛋……2 个
盐……1 小撮
磨碎的柠檬皮……适量
化开的的黄油……适量
水煮蛋……6 个

制作方法

1 将小麦粉筛入碗中，加入捏碎的鲜酵母，再倒入牛奶，搅拌均匀后发酵 15 分钟左右。
2 将黄油软化，与 100g 砂糖、鸡蛋、盐和磨碎的柠檬皮混合，加入 1 中，揉成光滑细腻的面团。
3 将面团分成 6 等份。
4 将每份面团搓成 3 个细长的棒状，编成辫子造型并做成环形。放到烤盘上发酵 15 分钟。
5 放入 220℃的烤箱中，烤 15~20 分钟。
6 涂上化开的黄油，放上水煮蛋，再撒上适量砂糖。

Tip

水煮蛋可以涂上喜欢的颜色或画一些花纹，这样看起来更像复活节彩蛋。配方里将面团分成 6 等份，大家也可以按自己想做的面包的尺寸来决定面团大小。烘烤前还可以撒上杏仁碎。

这款模仿王冠造型的面包，也是德国最常见的复活节面包之一。

在复活节王冠面包中，一般会放一个带花纹的彩蛋。它的造型多样，有的是放在辫子编成的圆环上，有的是直接放到面包表面。无论哪种造型，看起来都像鸟巢一样。除了面包之外，德国还有类似的复活节装饰物，它的制作方法是，用树枝编成圆环，再放上彩蛋（不是真的鸡蛋，是用木头或塑料制成的）和花等。

德国有很多种复活节面包，比如什么都不加的原味面包、加了葡萄干且表面撒了砂糖和杏仁的面包、用杏仁蛋白软糖当馅的面包等。复活节期间，德国的面包店会摆满这些面包，即便只远观也赏心悦目。这些面包大部分比较甜，适合在午后配着咖啡食用。

大大的复活节王冠面包。复活节的周末，有些酒店的早餐也会提供这些面包。

专栏 7

德国的复活节

宣告春天来临的复活节
有很多特殊的习俗

1. 兔子形的斯佩尔特小麦饼干、彩蛋形的巧克力，这些都是复活节期间推出的甜点。2. 杂志上刊登的复活节特辑，里面介绍了兔子、羊、彩蛋和小鸡形状的复活节甜点。

复活节在德语中是Ostern。它是庆祝耶稣复活的节日，具体时间是每年春天月圆之后第一个星期日。春天是从春分开始的，所以复活节应该是3月22日到4月25日之间的某个周日。

Ostern这个词来源于古高地德语中代表拂晓的Austrō，因此复活节也是日耳曼民族庆祝春天来临的节日。

复活节时装点一新的德国小镇

复活节跟圣诞节一样，是德国最重要的节日之一。每到复活节，人们都会将街道装饰一新，店铺里也会销售带有彩蛋、兔子元素的糕点、巧克力和装饰品等。在日本，樱花是最能代表春天的元素，所以春天在日本是粉红色的，但在德国，最能代表春天的是嫩绿色的新芽、盛开的水仙，还有复活节彩蛋。

漫漫寒冬终于结束，伴随着春天一起到来的复活节，实在让人心生欢喜，很多德国人都会选择在这个假期好好享受一番。

在德国和使用德语的地区，有着各种各样的复活节习俗。有些人会在复活节前几天购买一些树枝（细柱柳、白桦树、榛子树等），插进花瓶里。到了复活节当天，树枝正好冒出新芽（象征着耶稣的复活），这时要将彩蛋挂到树枝上。这个习俗在德语中叫复活节树枝。

复活节时，人们还会玩一些小游戏。有一种叫泰坦彩蛋的游戏，具体玩法是将彩蛋相撞，没有碎的那一方获胜。还有一种名叫推彩蛋的游戏，就是相互追赶着将彩蛋从山坡上推下来。

德国南部弗兰肯地区的弗兰克尼亚瑞士，有个关于喷泉的习俗。复活节期间，人们会在小镇的喷泉上挂各种复活节装饰，这个习俗起源于20世纪初，可谓历史悠久。

兔子也是复活节的元素之一。据说兔子会把复活节彩蛋藏起来，而孩子们的任务就是将彩蛋找出来。

面包、鸡蛋、羊肉是复活节必吃的食物

复活节没有什么特殊的料理，不过，人们一般会吃前面介绍的几种复活节面包（P124~P126），还有用很多鸡蛋做成的早午餐。晚上通常会吃羊肉。

3. 挂了很多复活节彩蛋和花的喷泉。4. 各种带有复活节元素的小物件，左边的是兔子模具。整体用黄色色调，清新而活力十足，很有春日气息。

万灵节梯子面包

Himmelsleiter

* 区域：德国南部、奥地利
* 主要谷物：小麦
* 发酵方法：酵母
* 应用：万灵节

材料（6个份）

小麦粉550……2kg

黄油……200g

砂糖……200g

鸡蛋……200g

酵母……100g

盐……20g

磨碎的柠檬皮……适量

香草……适量

牛奶……700mL

蛋液……适量

制作方法

1 将除了蛋液之外的所有材料混合，揉成面团（面团温度为25℃），醒30分钟。

2 将面团分成6等份，每份约为95g，然后分别擀成20cm长的棒状。将两端向相反方向卷起，排列成左图的形状，再涂上蛋液。

3 发酵45分钟，放入200℃的烤箱中烤16分钟左右。

Himmel是“天空、天堂”的意思，Leiter是“梯子”的意思，直译过来就是“通往天堂的梯子”。“万灵节”是悼念死者的节日，它在德语中名为Allerseelen。万灵节在万圣节的第二天，也就是11月2日。在这一天，德国人一般都会吃梯子面包。

居住在德国南部和奥地利的人们认为，在炼狱中的灵魂会在万灵节那天回到人间，所以他们有在墓地供奉梯子面包的习俗。人们希望亲人的灵魂通过这个梯子，升入天堂。跟日本盂兰盆节的习俗很像。

除了这款梯子面包，在万灵节食用的还有万灵餐包（P102）和万灵节辫子面包等。

万灵节梯子面包的购买方式也很有意思，按梯子的数量购买面包。

基督降临节果干面包
Früchtebrot

★ 区域：主要分布于德国南部、奥地利和瑞士
★ 主要谷物：小麦、黑麦
★ 发酵方法：酵母、酸种
★ 应用：基督降临节期间

材料（1个份）

小麦粉1050……750g
鲜酵母……42g
砂糖……200g
肉桂粉……1小匙
丁香粉……1小撮
茴芹粉……1小撮
西梅干……500g
无花果干……500g
洋梨干……500g
葡萄干……250g
榛子（或核桃）……250g
杏仁……250g
浸泡果干用的液体（水和水果利口酒混合液）……400mL
各种果干、坚果……适量

制作方法

1. 用水和水果利口酒混合液浸泡果干一晚。将一半坚果切成碎末。
2. 将剩余材料揉到一起（浸泡果干的液体需要剩余部分）。发酵30分钟。
3. 将浸泡后的果干切碎。如果太硬，可以稍微煮一会儿。
4. 将果干和坚果加入2的面团里，揉均匀后发酵60分钟。
5. 直接塑形或放入模具里，然后放进200℃的烤箱里烤60~90分钟。
6. 将浸泡果干的液体涂在表面，再撒上适量果干和坚果做装饰。

Tip

图片上的面包中加入了橙子皮、柠檬皮和蔓越莓等。大家也可以加入自己喜欢的果干。

Früchte在德语中是水果的意思。这是一款加入了果干，味道非常浓郁的面包。很久以前，每到圣诞节前夕的基督降临节，德国南部的人们都会食用加了洋梨干的面包。随着经济和贸易的发展，德国人又从其他国家引进了很多水果，因此果干面包的材料就日益丰富起来。如今，人们会在面包里加西梅干、葡萄干、杏干、海枣干、无花果、橙子皮、柠檬皮、各种坚果和香料等。

这款面包在11月30日的圣安德鲁日烘烤完成，在12月6日的圣·尼古拉斯日食用，也可以在12月24日的平安夜或12月26日的圣史蒂芬日食用，由一家之主将切成片的果干面包分给孩子和佣人们。有时为了家畜能够得到美好的祝愿，人们也会将果干面包分给它们。

这款基督降临节果干面包有很多别名，比如Berewecke、Birnenbrot、Hutzenbrot、Hutzelbrot、Kletzenbrot、Schnitzbrot等。

洋梨干面包
Birnenbrot

* 区域：主要分布于德国南部、奥地利和瑞士
* 主要谷物：小麦、黑麦　* 发酵方法：酵母、酸种
* 应用：基督降临节期间

材料（2~4 个份）

小麦粉 1050……500g
鲜酵母……20g
温水……250mL
砂糖……100g
盐……1/2 小匙
鸡蛋……1 个
肉桂粉……1 小匙
丁香粉……1 小撮
茴芹粉……1 小撮
榛子……60g
核桃……60g
果干（洋梨、苹果、西梅、无花果、杏等）……50g
葡萄干……75g
浸泡果干用的液体（500mL 水、125mL 红酒、100mL 利口酒或朗姆酒的混合液）

制作方法

1 用混合后的酒浸泡果干一晚。
2 将鲜酵母溶解到加了 1 小撮砂糖的温水里，发酵 10 分钟。
3 将小麦粉、盐、剩余砂糖和香料混合，在面团中间按一个小坑，将 2 倒入其中。
4 将 250mL 浸泡果干的液体加热，跟蛋液一起加入 3 里，揉成均匀的面团。用布盖住，放在温暖的地方发酵 60 分钟。
※ 如果面团太黏，可以加一些干面粉，但不能加太多，否则揉出的面团就会过硬。
5 将洋梨干放入适量热水（分量外）中煮 15 分钟左右，沥干（保留汁水）。
6 将果干切碎并去除果干的茎。
7 将 4 放到撒了干面粉（分量外）的台面上，撒上切碎的果干和葡萄干，揉均匀。将面团按平，撒上坚果，再次揉均。
8 将面团分成 2~4 份，分别揉成椭圆，之后盖上铝箔。在 50℃下发酵 60 分钟左右。
9 放入 200℃的烤箱中，烤 30 分左右。调成 180℃，涂上 5 的洋梨汁水，继续烤 45 分钟。烤好后再次涂上 5 的洋梨汁水。

前面介绍的基督降临节果干面包（P129）里放了很多种果干，而这款面包则是以洋梨干为主。它还有 Hutzenbrot、Hutzelbrot、Kletzenbrot 等别称，其中 Hutzen、Hutzel、Kletze 都是德国南部和奥地利等地的方言，指洋梨。

洋梨是德国自古以来一直食用的水果，它的吃法很多，比如直接生吃、晾成果干、熬成水果罐头，做成果汁、果酱或蒸馏酒等。

法国阿尔萨斯地区也有同样的面包，它的名字是 Berawecka。Bera 在法语中指洋梨（德语是 Birne），Wecka 指小型面包（德语是 Weck），合起来就是洋梨面包。

专栏 8

圣·尼古拉斯是谁?

圣诞节期间
最重要的圣人

大家听说过圣·尼古拉斯吗？他是3世纪时土耳其的主教，被人尊称为迈拉的圣人。12月6日是圣·尼古拉斯的纪念日，虽然这一天在德国不是正式的节日，但人们会收到礼物，所以很令人期待。

带来礼物的圣·尼古拉斯

圣诞节传说为人熟知，圣诞老人会在平安夜乘着驯鹿拉的雪橇，到世界各地给人们送礼物。但德国的圣诞节传说却有所不同。

在德国的圣诞节传说中，给人们送礼物的是圣·尼古拉斯。人们会在12月6日圣·尼古拉斯纪念日的前一晚，将鞋子或袜子放到房门外或屋子的玄关处，第二天，就会收到巧克力、坚果、蜜柑等礼物。

据说，在圣·尼古拉斯担任主教时，一个穷苦的男人有三个女儿，他不仅没办法为三个女儿准备嫁妆，更是穷困到产生了卖女儿的念头。正当他烦心不已时，有人连续三个晚上从窗户扔进金块，帮助了他们一家。后来这个故事慢慢演化成了圣·尼古拉斯送礼物的传说。

关于圣·尼古拉斯，还有很多其他传说。例如，他能平息海上的巨浪，或是让被恶魔杀死的男孩复活等。还有，在迈拉粮食短缺时，他将献给国王的食物分给镇上的人们，但最后献给国王的粮食却一点也没少。这些都是关于圣·尼古拉斯生平的奇事。

喜欢孩子的圣人

据说，圣·尼古拉斯会在12月6日到各地的幼儿园探访，他挨个问孩子“你乖吗”，并奖励乖孩子，如果遇到不乖的孩子，就用白桦树枝抽打他们。

在巴伐利亚南部、奥地利、匈牙利、捷克等地，也有类似的传说。据说，一个名叫坎普斯的恶魔，会用锁链拴住不乖的孩子吓唬他们。这跟日本的生剥节传说差不多。在德国中部和北部地区的传说中，每年12月5日，会跟圣·尼古拉斯一起去看望孩子们的还有他的随从。

圣诞老人在德语中是Weihnachtsmanna，他跟圣·尼古拉斯不是一个人。

圣·尼古拉斯节在欧洲以外的地区没什么知名度，在德国却是非常重要的日子，这一天意味着圣诞节即将到来，而且人们会互送甜点等礼物。

1. 12月6日，穿着这身服装的圣·尼古拉斯会给人们送礼物。2. 12月6日早上，礼物会出现在玄关的鞋子或袜子里。

© Nikolausaktion

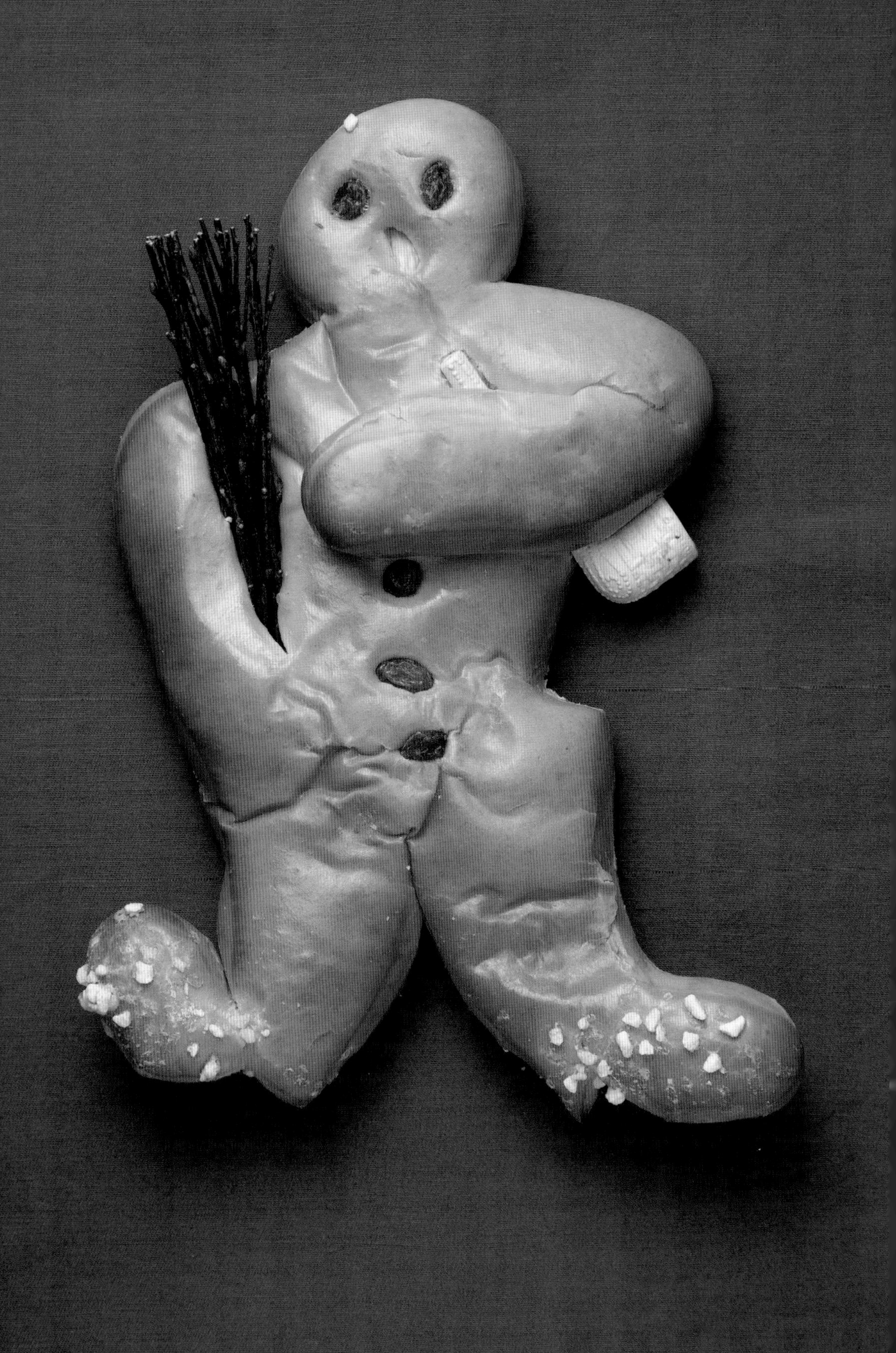

圣·尼古拉斯节人偶面包

Weckmann

* 区域：德国
* 主要谷物：小麦
* 发酵方法：酵母
* 应用：圣·尼古拉斯节、基督降临节期间

材料（4个份）

小麦粉505……1kg
鲜酵母……50g
牛奶（温热的）……500g
黄油……200g
砂糖……100g
鸡蛋……2个
盐……1小撮
磨碎的柠檬皮……1个份
蛋白……适量
蛋黄和牛奶的混合液……适量
葡萄干……适量
纵向切开的杏仁……适量

制作方法

1 将小麦粉筛入碗中，加入捏碎的鲜酵母，再倒入牛奶，搅拌均匀后发酵15分钟左右。
2 化开黄油，跟砂糖、鸡蛋、盐和磨碎的柠檬皮混合，加入1中，揉成光滑细腻的面团。发酵20分钟。
3 将面团分成4等份，每份取出1/3做圣·尼古拉斯的头和手臂，剩下的面分别揉成椭圆形，从中间切开，做成圣·尼古拉斯的身体和腿。用蛋白将身体、头部和手臂粘在一起，再涂上蛋黄和牛奶的混合液。
4 按照上页图，装饰上烟斗，再用葡萄干和切碎的杏仁做出眼睛、嘴和纽扣。
5 放入200℃的烤箱中，烤20分钟左右。

Weck在德语中指小型面包，mann指人，两个词合起来就是人偶面包。

在德国大多数地区的传说中，这款面包是以圣·尼古拉斯为原型制成的，所以它主要在12月6日的圣·尼古拉斯节（P131）食用。在莱茵兰-普法尔茨州、黑森州和艾希斯费尔德地区，人们也会在11月11日的圣马丁日吃这款面包。圣诞节前的4周是基督降临节期间，也可以在此期间食用。

圣·尼古拉斯节人偶面包属于象形面包的一种。以前人们会把这款面包当做圣餐，给病人或悔过自新的人食用。随着时代的变迁，它渐渐演化成了现在这个样子。

有些地区会在圣·尼古拉斯的手上放一个烟斗。烟斗倒过来很像拐杖，它原本代表主教的权杖。

关于权杖演化成烟斗的原因，有诸多说法，下面给大家介绍比较有代表性的两种。第一种说法，马丁·路德在进行宗教改革时，将基督教的各种象征物平民化，所以权杖就变成了烟斗。第二种说法是18世纪时，一个面包店用光了权杖道具，面包师在附近的烟草店发现了与权杖形状相似的烟斗，就用它代替了。

这款面包有很多别名，比如男子面包。在巴登北部、普法尔茨、黑森南部称之为Dambedei，是一款蕴含祝福的面包。瑞士人也将其称为岔开腿的男人。

如此多的别名，证明人偶面包在各地都很受欢迎。德国的大部分面包都有别名，但这款人偶面包的别名较其他面包偏多，下面就给大家介绍一些有特色的别名。

摆在橱窗里的圣·尼古拉斯节人偶面包。它的表情非常有趣。图片上人偶面包的纽扣是用樱桃做的。

使用德语的各地区对人偶面包的称呼

德语名	使用此名的地区	特征
Weck(en)mann	弗兰肯地区以北全境	Wecken 是指不加砂糖的面包
Weck(en) männchen	尼德萨克森的部分地区	
Stutenkerl	柏林、汉堡周边，尼德萨克森西部和北部，北莱茵－威斯特法伦州	Stuten 是指放了砂糖和油脂的面包
Stutenmann	勃兰登堡和弗兰肯的部分地区	
Krampus	巴伐利亚东部、奥地利	用坎普斯的角代替圣·尼古拉斯的权杖（或烟斗）
Grittibänz	瑞士	瑞士方言，意思是岔开腿的男人
Grättimann	巴塞尔周边	
Klausenmann	巴登－符腾堡南部	名字来源于尼古拉斯
Dambedei	斯图加特周边	名字来源不明
Hefekerl	弗兰肯	用酵母（Hefe）做成的人形面包
Pfefferkuchenmann	波美拉尼亚的部分地区、勃兰登堡和图林根的部分地区	Pfeffer 是胡椒的意思，也是香料的总称，这是一款加了香料的面包
Lebkuchenmann	弗兰肯的部分地区	用姜饼（Lebkuchen）面团做的面包

参考：德国地图集专用名词

德国南部的人形面包，别称是 Dambedei。

圣诞面包
Julschlange

* 区域：德国南部
* 主要谷物：小麦
* 发酵方法：酵母
* 应用：冬至

材料（6~7 个份）
小麦粉 550……2kg
黄油……200g
砂糖……200g
鸡蛋……200g
酵母……100g
盐……20g
磨碎的柠檬皮……适量
香草……适量
牛奶……700mL
蛋液……适量

制作方法

1 将除了蛋液之外的所有材料混合，揉成面团（面团温度为 25℃），醒 30 分钟。
2 将面团分成 6 或 7 等份，每份分别取出 400g 和 50g 面团，并将剩下的面团分成 12 份。将 400g 的面揉圆，然后大致捏成马蹄铁的形状。将 50g 的面搓成细条状，按照左图，放到马蹄铁形的面团上。将分成 12 份的面团揉成小球，点缀在上面。
3 涂上蛋液，发酵 45 分钟，放入 200℃的烤箱中烤 18 分钟左右。

Jul 在现代北欧语（各国的拼写和发音有所不同）中指的是圣诞节，是日耳曼民族和北欧海盗的习俗，于每年冬至至 2 月期间举行。

日耳曼民族相信，太阳会在每年冬至死去，然后复活。蛇在日耳曼神话里不仅是丰收的象征，还意味着重生。这款面包上有类似蛇的图案，也许是因为蛇会在冬天冬眠，跟在冬至死去的太阳一样，都象征着重生。圣诞面包上的 12 个点，代表一年的 12 个月。

这款面包不算很常见，但与德国的民族历史有关，所以我将它收录进了书里。

Dresdner Backhaus
500g
NET WT 18 OZ
Familientradition seit 1825

史多伦面包

Stollen

- ★ 区域：德国
- ★ 主要谷物：小麦
- ★ 发酵方法：酵母
- ★ 应用：基督降临节、圣诞节

材料（2~3个份）

小麦粉 550……1200g
鲜酵母……100g
牛奶（温热的）……400mL
砂糖……100g 略多
鸡蛋……2个
香草籽……1根份
史多伦香料……10g
磨碎的柠檬皮……1个份
盐……1/2小匙
黄油……400g
葡萄干……350g
杏仁碎……100g
柠檬皮……100g
橙皮……50g
朗姆酒……20mL
化开的黄油……适量
糖粉……适量

制作方法

1 将1kg小麦粉倒入碗中，在中央挖一个小坑，倒入鲜酵母和牛奶，混合均匀。盖上盖子，在室温下发酵20分钟左右。
2 将100g砂糖、蛋液、香草籽、史多伦香料、磨碎的柠檬皮和盐加入1中，揉成质地均匀的面团。发酵10~15分钟。
3 将200g小麦粉和黄油加入2中，揉均匀。发酵10~15分钟。
4 将葡萄干、杏仁碎、柠檬皮碎和橙皮加入3中，倒入朗姆酒，迅速拌均。发酵10~15分钟。
5 将面团分成2或3等份，擀成约30cm长，将中央擀薄一些。将其折叠。盖上盖子，发酵15~20分钟。
6 放入200~210℃的烤箱中烤30分钟左右。趁热涂上化开的黄油，撒上砂糖和糖粉。

Tip

在德国可以买到调配好的史多伦香料，也可以自己调制。使用的香料种类不限，但一般是在肉桂、小豆蔻、芫荽子、丁香、茴芹的基础上，加上肉豆蔻、生姜、柠檬皮碎等。

近几年，史多伦面包在日本很受欢迎。它在德语中叫Stollen，有时也会简称为Stolle。据说，史多伦这个词来源于古高地德语中的stollo（支柱），从外形看像是一个较粗的棒，很符合支柱这个词。

史多伦面包主要在圣诞节前后食用，所以它还有基督史多伦和圣诞史多伦这两个别名。

德国联邦农业局和德国食品册制作委员会发布的《德国食品手册》中对史多伦面包的定义是“100份的谷物粉（包括淀粉）要对应30份以上的黄油或等量的乳类油脂、人造黄油，还有60份的葡萄干或醋栗、橙皮、柠檬皮”。

吃过史多伦面包的人应该知道，它使用了大量的砂糖和黄油，还放了很多果干、坚果和香料，是一款味道浓郁的面包，不过，这是现代史多伦面包的特点，中世纪的史多伦面包材料只有小麦粉，味道简单而质朴，因为在当时，史多伦面包是圣诞节断食时吃的东西。断食期间饮食必须清淡，所以不能加黄油、砂糖、果干和坚果等。

从15世纪开始，史多伦面包产生了变化。当时，萨克森的奥古斯特亲王和他的弟弟阿尔布雷克特向罗马教皇英诺森八世申请在史多伦面包中使用黄油，于1491年得到批准，自此萨克森的面包师就开始使用黄油和其他材料了。

因此，萨克森的德累斯顿市就成了史多伦面包的发源地。2010年，德累斯顿和周边城市出产的史多伦面包，被欧盟认证为地理标志保护（PGI）产品，认证的正式名称是德累斯顿史多伦和德累斯顿基督史多伦。“地理标志保护产品”这个词听起来可能比较陌生，它是指来自原产地的高品质产品。目前，德累斯顿史多伦保护协会有130多名会员，他们一直在努力保护和推广德累斯顿史多伦面包。

认证后，确定了德累斯顿史多伦的使用材料。必备的有小麦粉405或550、全脂牛奶或全脂奶粉、黄油或酥油、橙皮、柠檬皮、葡萄干、甜杏仁或苦杏仁、盐、糖粉、香料等。制作时不能加人工香料和人造黄油等添加剂，也不能使用模具。

德累斯顿史多伦的包装上有欧盟的认证标志，还会贴上保护协会的贴纸。每年基督降临节期间，保护协会都会对各店铺的史多伦面包进行审查。顺利通过审查意味着这家店的史多伦面包的味道和品质得到了认可。

现代的史多伦面包放了大量的黄油和果干，所以一般都比较重，口感也比较湿润。吃的时候一定要切成片状，不能整个食用。

史多伦面包并非只能在圣诞节期间食用。即使过了圣诞节，甚至到了新年，还可以继续吃。德国人不但会自己制作史多伦面包，还会到店铺购买或互相赠送。圣诞节一到，每家每户都会准备很多史多伦面包，短时间内一般吃不完。史多伦面包保存时间虽较长，但还是会变干变硬。不过，喜欢这种口感的也大有人在。

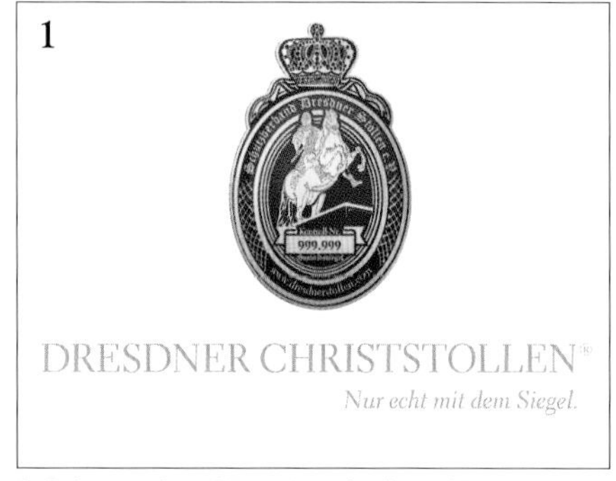

1. 德累斯顿史多伦保护协会的认定标志，上面有相应的审查编号。标志下那句话的意思是“德累斯顿史多伦，有此标志才正宗”。2. 第22届史多伦小姐玛丽·莱西（2016年）。她拿着史多伦面包和刀，笑得非常灿烂。3. 为了保证史多伦的品质，保护协会每年都会严格审查各店铺的面包。面包的外形、火候、味道等都过关，才算合格。

榛子史多伦面包

Nussstollen

- ✶ 区域：德国
- ✶ 主要谷物：小麦
- ✶ 发酵方法：酵母
- ✶ 应用：基督降临节、圣诞节

材料（1~2 个份）

小麦粉 550……1kg

鲜酵母……60g

牛奶（温热的）……300mL

黄油……350g

盐……10g

砂糖……120g+ 适量

香草……适量

榛子酱 ※1

化开的黄油……适量

糖粉……适量

※1　榛子酱

牛奶……120mL

砂糖……120g

榛子粉……340g

肉桂粉……1 小撮

蛋白……1 个份

制作方法

1. 将小麦粉倒入碗中，在中央挖一个小坑，倒入鲜酵母和牛奶，混合均匀。盖上盖子，在室温下发酵 15 分钟左右。
2. 软化黄油，使其变成奶油状，然后跟盐、120g 砂糖和香草混合。加入 1 中，揉成质地均匀的面团。发酵 10~15 分钟。
3. 制作榛子酱。将牛奶、砂糖、肉桂粉倒入锅中，开火加热至沸腾，加入榛子粉，搅拌均匀后关火。放置到冷却，加入蛋白，再次搅拌均匀。
4. 将面团擀成长方形，均匀地铺上一层榛子酱。从短边处卷起来，放入模具里，发酵 15~20 分钟。
5. 放入 200~210℃的烤箱中烤 75 分钟左右。趁热涂上化开的黄油，撒上砂糖和糖粉。

Nuss既是坚果的总称，又特指榛子，所以这是一款加了榛子的史多伦面包。制作时不加葡萄干，表面还要撒上大量的糖粉。

磨碎的榛子粉要与其他材料一起做成榛子酱，然后卷进面包里。榛子酱不用搅拌均匀，保留一些榛子的口感会更好。棕色的榛子酱和白色的面包形成对比，切开后露出螺旋状的花纹，非常漂亮。

这款面包的形状不是固定的，可以使用中间凸起的史多伦模具制作，也可以用普通的长方形模具制作。

杏仁史多伦面包

Mandelstollen

* 区域：德国
* 主要谷物：小麦
* 发酵方法：酵母
* 应用：基督降临节、圣诞节

材料（1个份）

小麦粉550……1kg
鲜酵母……60g
牛奶……300mL
黄油……350g
盐……10g
砂糖……120g+适量
香草……适量
杏仁碎……250g
柠檬皮……250g
化开的黄油……适量
糖粉……适量

制作方法

1. 将小麦粉倒入碗中，在中央挖出一个小坑，倒入鲜酵母和牛奶，混合均匀。盖上盖子，在室温下发酵15分钟左右。
2. 软化黄油，使其变成奶油状，然后跟盐、120g砂糖和香草混合。加入1中，揉成质地均匀的面团，发酵10~15分钟。加入杏仁碎和柠檬皮，揉均后再发酵10~15分钟。
3. 放入史多伦模具里，或者直接塑形，盖上盖子，发酵15~20分钟。
4. 放入200~210℃的烤箱中烤75分钟左右。趁热涂上化开的黄油，撒上砂糖和糖粉。

Tip

制作时可以像图中的面包一样，加入烘烤过的杏仁碎。烤好后放置1周再食用，味道最好。造型时，可以将面团分成2等份后烘烤。

Mandel在德语中是杏仁的意思。这是一款加了杏仁碎或杏仁粉的史多伦面包。制作时一般不加果干，当然加了也没问题。加入柠檬皮会让面包的味道更浓郁。也可以像原味史多伦面包（P136）一样加入香料。

这款杏仁史多伦有很多种做法。比如将杏仁蛋白软糖揉进面团里，或是在表面撒一层杏仁片等。这里介绍的是将烘烤过的杏仁碎揉进面里的配方。它的口感和味道都非常独特。

杏仁史多伦的外形不如原味史多伦出众，但吃起来却很让人满足。

奇亚籽史多伦面包
Mohnstollen

* 区域：德国
* 主要谷物：小麦
* 发酵方法：酵母
* 应用：基督降临节、圣诞节

材料（1个份）

小麦粉550……500g
鲜酵母……42g
温热的牛奶……150mL
砂糖……25g
黄油……275g
盐……1小撮
肉豆蔻（磨碎的）……1小撮
小豆蔻粉……1/4小匙
磨碎的柠檬皮……1个份
鸡蛋……1个
奇亚籽酱※1
化开的黄油……适量
糖粉……适量

※1 奇亚籽酱
牛奶……250mL
黄油……25g
砂糖……75g
奇亚籽（磨碎的）……125g

制作方法

1 将小麦粉倒入碗中，在中央挖一个小坑，倒入鲜酵母、5大匙牛奶和砂糖，混合均匀。盖上盖子，在室温下发酵15分钟左右。
2 化开黄油，跟剩余的牛奶、盐、肉豆蔻、小豆蔻粉、柠檬皮碎和蛋液混合，加入1中，揉成质地均匀的面团。
3 制作奇亚籽酱。将牛奶和黄油倒入锅中，开火加热，加入砂糖和奇亚籽，边搅拌边煮10分钟左右，使水分充分蒸发。关火，静置到冷却。
4 将面团擀成长方形，均匀地铺上一层奇亚籽酱。将两个短边折叠到中央，再对折一次，然后放入长30cm的模具里。
5 放入175℃的烤箱中烤60分钟左右。涂上熔化的黄油，均匀地撒上一层糖粉。

Tip
也可以分成2等份后烘烤。

奇亚籽是薄荷类植物芡欧鼠尾草的种子，原产地为墨西哥南部和危地马拉等北美洲地区。

奇亚籽富含人体必需脂肪酸及多种抗氧化活性成分，是天然Omega-3脂肪酸的来源，并含有丰富的膳食纤维、蛋白质，维生素，矿物质等。

奇亚籽不但营养丰富，用它做出的面包外形也很漂亮。这款奇亚籽史多伦面包最大的特点是美丽的螺旋状花纹。具体做法是将奇亚籽酱铺在面团上，再左右对称地卷起来。卷好后可以放入长方形模具里，也可以放入山形模具里，还可以直接用手塑形。

专栏 9

德累斯顿的史多伦节

在史多伦发源地举办的热闹节庆，
为其后的圣诞节拉开序幕

圣诞节市集上的史多伦摊位。台面上摆着各种口味和大小的史多伦面包，让人目不暇接。

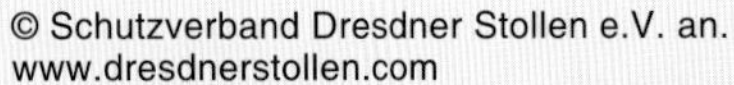

史多伦面包（P136）是德国圣诞节必不可少的食物，这几年在日本也很受欢迎。在其发源地德累斯顿，每年基督降临节前的第2个周六就是史多伦节。

史多伦面包是德累斯顿的骄傲

德累斯顿从1994年开始举办史多伦节，它的主要活动是在街上举行盛大游行。游行队伍以载着重近3吨的巨型史多伦面包的马车为中心，前后簇拥着参加庆典的人群——德累斯顿市的面包师、德累斯顿史多伦保护协会会员、对史多伦有重大贡献的奥古斯特亲王和其军队的扮演者、每年选拔出的史多伦小姐、城市鼓乐队等，总数多达500人。

史多伦节的高潮是德累斯顿圣诞节市集上的切面包活动。巨型史多伦面包到达市集后，面包师们就登上马车，将面包切开，盛大的场景，十分壮观。面包师们会将巨型史多伦切成每份500g左右的块状，卖给参加市集的人们。

史多伦面包是德累斯顿的骄傲，这个庆典的目的就是发扬史多伦面包文化。

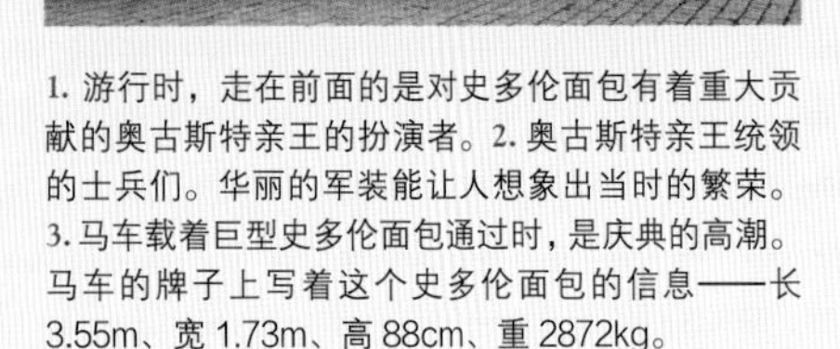

1. 游行时，走在前面的是对史多伦面包有着重大贡献的奥古斯特亲王的扮演者。2. 奥古斯特亲王统领的士兵们。华丽的军装能让人想象出当时的繁荣。3. 马车载着巨型史多伦面包通过时，是庆典的高潮。马车的牌子上写着这个史多伦面包的信息——长3.55m、宽 1.73m、高 88cm、重 2872kg。

巨型史多伦面包的来源

史多伦节上为什么要制作巨型史多伦面包呢？它的来源可以追溯到1730年。当时的统治者奥古斯特亲王（萨克森选侯腓特烈·奥古斯特一世和波兰国王奥古斯特二世）在德累斯顿附近举行大型的军事演习。

当时，为了款待从欧洲各地来的贵宾，奥古斯特亲王任命面包师约翰·安德烈亚斯·扎卡赖亚斯制作一款面包，他制作的就是重达1.8吨的巨型史多伦面包。据说，参与制作的面包师有60人，而运送它则需要8匹马。

20世纪末，穆切尔博士在调查东德时期没落的萨克森艺术和文化时，发现了记录制作巨型史多伦的铜版画。因为这幅铜版画，制作巨型史多伦的想法应运而生，于是德累斯顿地区开始举办史多伦节。

切史多伦的巨型面包刀

从基督降临节的一个月前，也就是10月末，就要开始制作巨型史多伦面包了。德累斯顿史多伦保护协会的130家会员店铺都会参与巨型史多伦的制作。每家店铺制作一部分，最后堆起来，再涂上黄油，撒上糖粉。

切史多伦面包时，由德国最优秀的面包师雷尼·克劳斯的后裔和每年选出的史多伦小姐持刀。既然是用来切巨型史多伦的面包刀，尺寸当然也不同。

这把刀是以为奥古斯特亲王制作巨型史多伦时使用的面包刀为原型制成的。记录巨型史多伦制作过程的铜版画上，还有关于面包刀的详细说明，人们按照说明，用纯银制成了长1.6m的巨型面包刀，不过，作为原型的奥古斯特亲王时期的巨型面包刀，在二战期间已经下落不明。

4. 用面包刀切开巨型史多伦，这是史多伦节上最受瞩目的时刻。
5. 制作巨型史多伦的面包师们也来参加游行。他们脖子上围着德累斯顿史多伦保护协会的围巾，脸上洋溢着自豪的笑容。
6. 克劳斯家族的后裔和这一年的史多伦小姐共同举着巨型面包刀和切好的史多伦面包。

史多伦节官方网站（英语）
www.dresdnerstollenfest.de/en/

专栏 10

德国的圣诞节

一年中最热闹的日子，
人们也会吃史多伦

摆放在教堂外的圣诞树。五彩缤纷的装饰和小灯，给人很梦幻的感觉。

圣诞节在德语中被称为Weihnachten，这个词直译过来是神圣的夜晚。12月24日的平安夜，在德语中被称为Heiligabend。到了平安夜那天下午，德国的店铺将全部关闭，圣诞市集也宣告结束。所以，人们在24日上午就要完成所有的圣诞节采购。

欧洲各国的节假日略有不同，但圣诞节当天都是正式节假日。在德国，圣诞节第二天，也就是12月26日也是节假日，人们称之为Zweiter Weihnachtsfeiertag，直译过来就是第二个圣诞。

圣诞节前的4周都是基督降临节

除了刚才提到的平安夜、圣诞节当天和圣诞节次日之外，圣诞节前的4周都属于节庆期间。这段时间被称为基督降临节，人们会进行圣诞节前的倒数，还会在每周日准备插了蜡烛的基督降临节花环。同时，人们也会开始烤史多伦面包（P136）和圣诞节饼干等，做圣诞节的准备。

在此期间，每个小镇的广场都会举办圣诞市集。人们会跟家人朋友一起，喝着热乎乎的圣诞红酒，吃圣诞小吃，悠闲地逛市集。

日本人有寄新年贺卡的习惯，德国人则每年都要寄圣诞贺卡。不过，寄圣诞贺卡并不是在25日当天寄，而是在基督降临节期间寄出。人们会将收到的贺卡摆在客厅的壁炉上，每天看着它们，期待圣诞节的到来。

圣诞节的庆祝方式

圣诞节是德国一年中最重要的节日，它跟日本

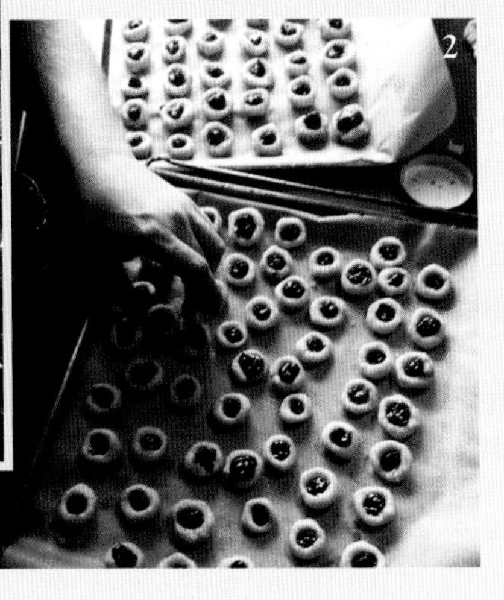

1. 摆满了装饰物的客厅。每家每户的装饰风格大相径庭。2. 制作圣诞饼干。饼干保存较长时间，可以提前做好。基督降临节期间，每家都要烤很多饼干。

的1月差不多，也有家人聚餐等习俗。每到圣诞节，家人都会聚到一起，其乐融融。

庆祝圣诞节的宗教有很多，如天主教、新教等。在庆祝方式上，每个宗教、地区，甚至每个家庭都各不相同。下面就给大家介绍一下德国新教家庭庆祝圣诞的方式。

从基督降临节到正式的圣诞节为止，每个周末都要烤圣诞饼干或准备礼物。12月23日晚上，孩子们睡着后，大人们要将提前准备好的圣诞树搬到屋里，同时挂上各种圣诞装饰。之后，还要用饼干制作汉赛尔与格莱特的甜点小屋。

到了24日的平安夜，白天要去教堂参加弥撒。弥撒结束后，一家人会回到家中，一起唱圣诞歌。然后，就是最令人期待的拆礼物时间了。人们会提前准备好礼物放到圣诞树下，到了拆礼物的时间，就各自找到写着自己名字的礼物，打开包装感受这惊喜的一刻。

白天的活动告一段落后，圣诞晚餐就开始了。其实，25日的晚餐才是正式的圣诞晚餐，所以24日跟平时一样，吃一些传统食物，不过近几年开始，越来越多的德国人会在这一天尝试以前没吃过的料理。

平安夜次日，也就是12月25日，终于到了正式的圣诞节。圣诞节大餐，人们一般会吃塞了馅的鸭子、烤鹿肉，配上紫甘蓝炖菜、土豆丸子（用土豆泥和面包做成的丸子），或是用表面焦脆的烤全猪、经典德式香肠配上土豆沙拉、奶酪等。下午茶时间，人们一般会喝一些茶，吃一点史多伦面包、姜饼、饼干等圣诞糕点。

德国的圣诞树一般会放到次年的1月6日（主显节）。虔诚的天主教徒，甚至会放到次年2月2日的圣烛节（圣母玛利亚和约瑟夫带着耶稣前往耶路撒冷祈祷的纪念日）。

3. 圣诞树下摆满了礼物，寻找自己的礼物时，像寻宝一样让人兴奋不已。4. 圣诞市集上也有销售面包的摊位。图上是销售木棍面包的摊位。5. 巨型圣诞塔楼，它的原型是小小的室内装饰品，做成这么大，十分惊人。

冬至太阳面包

Sonnenlaufbogen

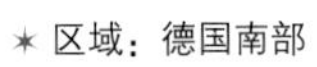

* 区域：德国南部
* 主要谷物：小麦
* 发酵方法：酵母
* 应用：冬至期间

材料（7 个份）

小麦粉 550……2kg
黄油……200g
砂糖……200g
鸡蛋……200g
酵母……100g
盐……20g
磨碎的柠檬皮……适量
香草……适量
牛奶……700mL
蛋液……适量

制作方法

1 将除了蛋液之外的所有材料混合，揉成面团（面团温度为 25℃），醒 30 分钟。
2 将面团分成 7 等份，每份分成 4 个约 100g 的面团和 1 个约 50g 的面团。将 4 个 100g 的面团揉成长 60cm 的条状，然后分别分成 48cm 和 12cm、42cm 和 18cm、36cm 和 24cm、31cm 和 29cm。将 50g 的面团揉成长 30cm 的条状。
3 将 30cm 的条状面团平放到烤盘上，再用最长的条状面做成半圆形，粘到上面。然后按照左图，将其余条状面依次放到上面。
4 在表面涂上蛋液，发酵 45 分钟，放入 200℃的烤箱中烤 18 分钟左右。

Sonne 指太阳，Lauf 指奔跑，Bogen 是滑雪用语，意思是曲线和弧线。这三个词连到一起，指的就是太阳东升西落的动线。

对日耳曼等北方民族来说，太阳是非常神圣尊贵的存在。冬至前，太阳的出现时间越来越短。到了冬至那几天，太阳几乎不会升起。冬至之后，太阳的出现时间又会重新变长。这款冬至太阳面包的外形，象征的就是太阳移动路线的变化过程。

据说，在天色昏暗的冬季，日耳曼人会互相拜访、庆祝。家里来了拜访者，主人就会拿出一种名叫 Julbrot 的面包招待他们。Julbrot 一般是像太阳、星星和弯月的形状。如今，人们仍然会制作类似形状的饼干，这应该算是古老习俗的一种延续吧。

现在这款面包不是很常见，但通过它可以了解到德国人的生活背景。

专栏 11

庆祝乔迁之喜的面包

面包和盐的组合，
是德国标志性的乔迁礼物

将面包和盐装在篮子里，当做礼物送给乔迁的人。卡片上写着“恭祝乔迁”。

在日本，搬家时的标志性食物是荞麦面。同样的，在德国也有庆祝乔迁之喜的食物，那就是面包和盐。它在德语中是Brot und Salz，这个词仅仅指面包和盐，还指所有庆祝乔迁的礼物。

跟日本的荞麦面不一样的是，这两样东西不是乔迁人送给新邻居的，而是其他人送给乔迁人的。

为什么是面包和盐?

德国人把面包和盐当乔迁礼物的原因很简单。因为这两种东西都是生活中不可或缺的。

吃了面包能给人提供体力，盐不但是调味料，还具有防腐作用，能让其他食物保存更长时间，因此，德国人相信，面包和盐的组合能祛除恶灵、诅咒等邪恶的东西，而且，在德国面包和盐的组合还象征着人们之间的羁绊、善意和殷勤款待等。

向乔迁的人赠送面包和盐，意味着祝他们健康快乐，他们的家庭美满富足。

还可以当婚礼和洗礼时的礼物

除了乔迁，其他喜庆场合也可以赠送面包和盐。在婚礼上将它们送给新娘和新郎，意味着祝福这对新人长长久久。在德国北部地区，人们还会在新生儿洗礼时，将面包和盐放在尿布上。据说，有些地方会将面包和盐倒入家畜棚里，来祈求家人和家畜不受疾病困扰。

1. 专门用来当礼物的内部装着盐的面包。它的制作方法是，将一个小型容器按进面团里，一起放入烤箱烘烤。烤好后可以直接倒入盐，或是将容器拿出后再倒入盐。2. 直接将面包和盐放进袋子里，系上蝴蝶结，纸上写着“面包和盐，来自神明的恩赐”，贴到袋子上就是一份精美礼物了。3. 用来当礼物的盐有很多种，左边两个是加了香草的盐，右边的是加了香料的面包专用盐。4. 放盐的容器也有很多种，有些装盐的密封瓶，看起来很特别。

专栏 12

有关面包的谚语

作为面包大国的德国
有很多关于面包的谚语

德国有很多关于面包的谚语，有些是从古代流传至今，有些则是近现代名人说的。这些谚语风格大相径庭，但有一个共同之处，就是都在赞美德国面包。不愧是面包大国，德国人的自信和骄傲，能从字里行间透露出来。

陈面包不算糟糕，最糟糕的是没有面包。

古老的德国谚语

Altes Brot ist nicht hart.
Kein Brot: das ist hart!
Altdeutsches Sprichwort.

巴黎美中不足的只有一点——没有德国的面包。

罗密·施奈德（Romy Schneider，女演员，1938~1982年）

Das Einzige, was ich in Paris wirklich vermisse, ist das deutsche Brot.

一个家庭没有了面包，就会失去原有的平静。

德国谚语

Fehlt das Brot im Haus, zieht der Friede aus.
Deutsches Sprichwort.

如果这里有德国的树木、料理和面包师就好了。

施特菲·格拉芙（Steffi Graf，居住在美国的原网球选手）于2007年接受《Stern》杂志采访时所说。

Ich vermisse Bäume, die deutsche Küche und einen deutschen Backer.

只有面包不见了，才能意识到它的美味。

德国谚语

Wenn das Brot weg ist,
weiß man, wie gut es geschmeckt hat.
Deutsches Sprichwort.

很多人认为法国人烤出的面包最好吃，其实德国人烤出的面包才是最好吃的。

杰瑞德·莱托（Jared Leto，美国摇滚乐队“30 Seconds to Mars”的主唱）于2013年在德国纽博格林的户外音乐节Rock am Ring上对粉丝和媒体所说。

Viele sagen, die Franzosen machen das beste Brot.
Aber es sind die Deutschen.

在所有的味道中，面包的香味是最棒的，因为它是生命本源的味道，它是和谐的味道，它是静谧和故乡的味道。

雅罗斯拉夫·塞弗尔特（Jaroslav Seifert，诺贝尔文学奖获奖者，1901~1986 年）

Der Geruch des Brotes ist der Duft aller Düfte.
Es ist der Urduft unseres
Irdischen Lebens, der Duft der Harmonie,
des Friedens und der Heimat.

除了德国之外，任何地方都没有好吃的面包，这是众所周知的事实。

塞巴斯蒂安·维特尔（Sebastian Vettel，F1世界冠军获得者）于2013年接受《Stern》杂志采访时所说。

Wir alle wissen: Es gibt kein gutes Brot auf der Welt, nur bei uns.

对大自然的敬畏之情是烤出美味面包的第一步。

卢茨·盖斯勒（Lutz Geißler，德国非常受欢迎的面包博主）

Demut vor der Natur ist der erste Schritt zu gutem Brot.

糕点面包
Feine Backwaren

* * *

使用的油脂和砂糖等占面包总重量 10% 以下的是大型面包和小型面包，用量超过 10% 时，则要归到糕点面包里。糕点面包的味道普遍又甜又浓郁。对应英语中 Cake 这个词的德语单词是 Kuchen，糕点面包也属于这个范畴。下面要介绍的糕点面包不只是用烤箱烤制的面包，还有外形像甜甜圈那样的油炸面包，不过，本书中没有收录用鲜奶油和新鲜水果装饰的面包。

酵母辫子面包

Hefezopf

- ★ 区域：德国
- ★ 主要谷物：小麦
- ★ 发酵方法：酵母
- ★ 应用：周日下午的咖啡时间、甜点

材料（1 个份）

中种 ※1

小麦粉 550……450g

牛奶（脂肪含量 3.5%）……210g

鲜酵母……15g

盐……10g

黄油……100g

砂糖……50g

茴芹（粉末）……少量

磨碎的柠檬皮……1/2 个份

磨碎的橙皮……（小）1 个份

蛋液……1 个份

※1 中种

斯佩尔特小麦粉 1050……80g

水……80g

鲜酵母……0.1g

制作方法

1. 将中种的材料混合均匀，在 20℃下发酵 18 小时。
2. 将除了黄油、砂糖和蛋液以外的所有材料倒入揉面机中，用最低速度揉 3 分钟，再用高一挡的速度揉 10 分钟，揉成紧实的面团。将黄油掰成小块后加入其中，揉 5 分钟。加入砂糖，再揉 5 分钟。揉成光滑且不粘盆的面团（面团温度为 26℃）即可。
3. 在 24℃下发酵 2 小时，发酵 1 小时后拿出来排气。
4. 将面团分成 3~4 等份，分别揉圆后搓成长条。盖上盖子，醒 15 分钟左右。
5. 搓成 50cm 长的长条，放到撒了干面粉（分量外）的台面上编成辫子状（按喜好选择 3 股编法或 4 股编法）。
6. 抖掉多余的干面粉，涂上蛋液。
7. 在 24℃下发酵 90~100 分钟，膨胀至原来的 2 倍大小为止。
8. 再涂一次蛋液，放入 230℃的烤箱里，调成 180℃，不开蒸汽烤 40 分钟左右。

Tip

可以不加茴芹粉和果皮碎，但加了味道会更香。

辫子面包是德国最具代表性的面包之一。它采用酵母发酵法，口感非常松软，这一点很符合日本人的口味，所以它在日本的知名度也很高。

Hefezopf 中的 Hefe 指酵母，zopf 指辫子，合起来就是酵母辫子面包。制作时，可以分成 2 股、3 股、4 股、5 股……来编。编法不同，做出的面包外形会有很大区别。有些编法编出的辫子比较立体，有些则比较扁平。有时会在辫子的基础上再做出别的造型，比如圆环和圆扣等。烤成棕色的辫子发酵面包实在太漂亮了，让人一看就入了迷。

辫子面包还有一个名字叫编织面包。本书中还介绍了几款辫子面包，但这只是冰山一角。德国辫子面包的编法和样式繁多，甚至有专门的书籍和网站介绍这方面的知识。

辫子面包有很多种吃法，既可以直接吃，也可以切成片后食用。吃的时候还可以配上果酱和黄油等。它经常出现在下午茶和周末早、午餐的餐桌上。到了复活节等节假日，人们还会吃编成王冠状的辫子面包。

在使用德语的地区生活的犹太人也会吃一种与辫子面包外形相似的面包，这种面包被他们称为哈拉。两种面包最大的区别是，哈拉面包不加黄油、牛奶和砂糖，因为一般搭配肉类食用，面包的味道清淡一些才好。

哈拉面包是安息日和节假日吃的食物，它的配方和外形并不固定。针对不同的节庆和习俗，会有不同的配方和制作方法。安息日的哈拉面包表面撒了芝麻和奇亚籽，新年的哈拉面包加了葡萄干，要蘸着蜂蜜吃。

黄油辫子面包
Butterzopf

* 区域：德国南部、奥地利、瑞士
* 主要谷物：小麦
* 发酵方法：酵母
* 应用：早餐、甜点

材料（1 个份）

中种 ※1
汤种 ※2
小麦粉 550……250g
斯佩尔特小麦粉 630……50g
鲜酵母……8g
砂糖……5g
黄油……60g
蛋液……1 个份

※1 中种
小麦粉 550……150g
牛奶（脂肪含量 3.5%）……100g
鲜酵母……1.5g

※2 汤种
小麦粉 550……50g
牛奶……200g
盐……8g

制作方法

1 将中种的材料混合均匀，在 16℃下发酵 16 小时。
2 制作汤种。将汤种的材料混合，边搅拌边加热到 65℃左右。变成黏稠的状态后关火，继续搅拌 1~2 分钟。冷却后放到冰箱里醒 4 小时以上。
3 将除了黄油和蛋液以外的所有材料倒入揉面机中，用最低速度揉 6 分钟，再用高一挡的速度揉 2 分钟。将黄油掰成小块后加入其中，用同样的速度再揉 3 分钟。
4 在 20℃下发酵 2 小时。发酵至 60 分钟和 90 分钟时拿出来排气。
5 将面团分成 3 等份，搓成细长条后编成辫子状。
6 涂上蛋液，放到 8℃的冰箱里发酵 12 小时。
7 再涂一次蛋液，放入 180℃的烤箱里，烤 40 分钟左右。

Tip
也可以将面团分成 2 份后再烘烤。

前面介绍的酵母辫子面包（P152）里加了砂糖，但这款黄油辫子面包没有加。制作时用了牛奶和黄油，所以保质时间也比较长。德国人一般称它为黄油辫子面包，但瑞士人一般简称为辫子面包。

这款面包使用了富含麸质的小麦粉，在造型时不断延展和拉伸，最后面团就会有纤维质感。一般辫子面包会采用4股编法，这样编出的辫子造型比2股、3股的更立体。

德国人在周日都有吃小麦面包的习惯，因此这款黄油辫子面包也经常出现在周日早餐桌上。吃的时候，一般会配上黄油、果酱或蜂蜜等。

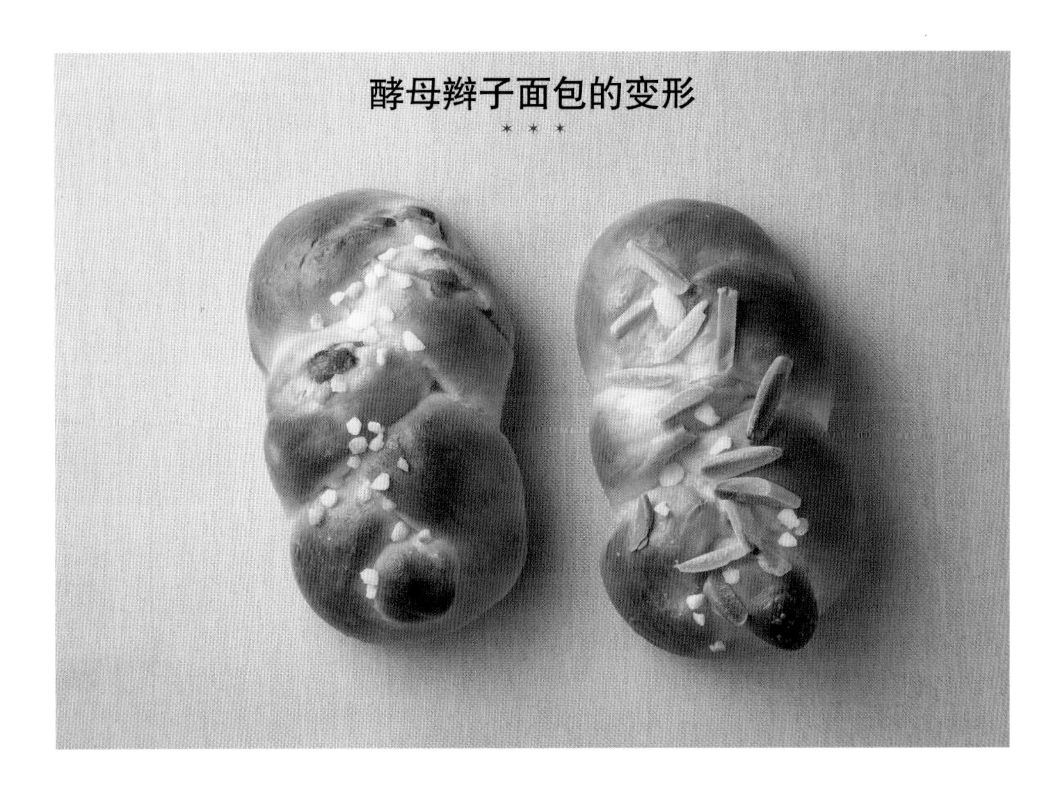

葡萄干辫子面包
Rosinenzopf

★ 区域：主要分布于德国南部、奥地利、瑞士
★ 主要谷物：小麦 ★ 发酵方法：酵母
★ 应用：周日下午的咖啡时间、甜点

材料（8个份）

中种 ※1
小麦粉 550……450g
牛奶（脂肪含量3.5%）……210g
鲜酵母……15g
盐……10g
黄油……100g
砂糖……50g
茴芹（粉末）……少量
磨碎的柠檬皮……1/2个份
磨碎的橙子皮……（小）1个份
葡萄干（用水、朗姆酒或苹果汁等浸泡24小时。使用前要沥干水分）……适量
蛋液……1个份
砂糖、坚果……适量

※1 中种
斯佩尔特小麦粉 1050……80g
水……80g
鲜酵母……0.1g

制作方法

1. 将中种的材料混合均匀，在20℃下发酵18小时。
2. 将除了黄油、砂糖、葡萄干和蛋液以外的所有材料倒入揉面机中，用最低速度揉3分钟，再用高一挡的速度揉10分钟，揉成紧实的面团。将黄油处理成小块后加入其中，揉5分钟。加入砂糖，揉5分钟。加入葡萄干，揉1分钟。最后揉成光滑且不粘盆的面团（面团温度为26℃）即可。
3. 在24℃下发酵2小时，发酵至1小时时拿出来排气。
4. 将面团分成8等份（每份约125g），分别揉圆后再搓成长条。盖上盖子，醒10分钟左右。
5. 搓成30cm长的条状，放到撒了干面粉（分量外）的台面上编起来。
6. 抖掉多余的干面粉，涂上蛋液。
7. 在24℃下发酵90分钟左右，膨胀至原来的2倍大小为止。
8. 再涂一次蛋液，按喜好撒上砂糖、坚果等。放入230℃的烤箱里，调成180℃，不开蒸汽烤20分钟左右。

在酵母辫子面包（P152）基础上加了葡萄干的面包。制作时可以用普通的葡萄干，但用朗姆酒泡过的葡萄干，味道会更香。还可以加一些香草精提味。搭配切成片的黄油一起食用味道会更好。

奇亚籽辫子面包
Mohnzopf

✶ 区域：主要分布于德国南部、奥地利、瑞士
✶ 主要谷物：小麦　✶ 发酵方法：酵母
✶ 应用：周日下午的咖啡时间、甜点

材料（1个份）
中种 ※1
小麦粉 550……450g
牛奶（脂含量 3.5%）
……210g
鲜酵母……15g
盐……10g
黄油……100g
砂糖……50g
磨碎的柠檬皮……1/2 个份
奇亚籽酱 ※2
蛋液……1 个份

※1　中种
斯佩尔特小麦粉 1050……80g
水……80g
鲜酵母……0.1g

※2　奇亚籽酱
奇亚籽（磨碎的）……100g
牛奶……90mL
砂糖……50g
黄油……25g
鸡蛋……1 个

制作方法
1　将中种的材料混合均匀，在 20℃下发酵 18 小时。
2　制作奇亚籽酱。将牛奶倒入锅中，放到火上加热，将黄油化开加入锅中，再将奇亚籽和砂糖放入锅中，充分搅拌。搅拌成质地均匀的糊状即可。冷却后加入鸡蛋，搅拌均匀。
3　将除了黄油、砂糖和蛋液以外的所有材料倒入揉面机中，用最低速度揉 3 分钟，再用高一挡的速度揉 10 分钟，揉成紧实的面团。将黄油处理成小块后加入其中，揉 5 分钟。加入砂糖，再揉 5 分钟。揉成光滑且不粘盆的面团（面团温度为 26℃）即可。
4　在 24℃下发酵 2 小时，发酵至 1 小时时，拿出来排气。
5　将面团擀成长方形，均匀地铺上一层奇亚籽酱。从长边开始卷起来，用刀纵向切成 3 等份（也可以切成 2 等份）。
6　每份搓成长 30cm 的长条，放到撒了干面粉（分量外）的台面上编起来。
7　抖掉多余的干面粉，涂上蛋液。
8　在 24℃下发酵 90 分钟左右，膨胀至原来的 2 倍大小为止。
9　再涂一次蛋液，放入 230℃的烤箱里，调成 180℃，不开蒸汽烤 40 分钟左右。

Tip
烤好后可以涂一层用水稀释过的杏酱，这样表面会更有光泽。也可以撒上一层糖霜。

奇亚籽辫子面包，顾名思义，这是一款加了奇亚籽酱的辫子面包。切开后会露出黑白相间的花纹，非常漂亮。

小提琴面包
Geige

★ 区域：德国南部
★ 主要谷物：小麦 ★ 发酵方法：酵母
★ 应用：早餐、午后的咖啡时间

材料（8 个份）

中种[※1]
小麦粉 550……450g
牛奶（脂肪含量 3.5%）……210g
鲜酵母……15g
盐……10g
黄油……100g
砂糖……50g
磨碎的柠檬皮……1/2 个份
蛋液……1 个份

※1 **中种**
斯佩尔特小麦粉 1050……80g
水……80g
鲜酵母……0.1g

制作方法

1 将中种的材料混合均匀，在 20℃下发酵 18 小时。
2 将除了黄油、砂糖和蛋液以外的所有材料倒入揉面机中，用最低速度揉 3 分钟，再用高一挡的速度揉 10 分钟，揉成紧实的面团。将黄油处理成小块后加入其中，揉 5 分钟。加入砂糖，再揉 5 分钟。揉成光滑且不粘盆的面团（面团温度为 26℃）即可。
3 在 24℃下发酵 2 小时，发酵至 1 小时时，拿出来排气。
4 将面团分成 8 等份（每份约 125g），分别揉圆后搓成长条。盖上盖子，醒 10 分钟左右。
5 搓成 30cm 长的条状，放到撒了干面粉（分量外）的台面上编起来。中间一部分不编，编紧两头，做成像左图一样的造型。
6 抖掉多余的干面粉，涂上蛋液。
7 在 24℃下发酵 90 分钟左右，膨胀至原来的 2 倍大小为止。
8 再涂一次蛋液，放入 230℃的烤箱里，调成 180℃，不开蒸汽烤 20 分钟左右。

Geige 在德语中是小提琴的意思。这款面包的外形跟酵母辫子面包（P152）差不多，只是中间留出一部分没有编起来。德国是著名音乐之乡，用小提琴给面包命名，很符合德国面包的风格。

这款面包的形状确实很像小提琴。两头紧紧编起，中间松松的，看起来非常有趣。如此独特的外形，究竟是刻意为之，还是纯属偶然，现在已经不得而知了。

前面提到德国人习惯在周日午后的咖啡时间吃辫子面包，有时也会用这款小提琴面包代替。德国人还经常用它招待客人，它那独特的外形总是能引起热烈的议论。虽然很像小提琴，可千万不要拿起来演奏哦。

1
2
3
4
5
6
7

花式糕点面包、酵母糕点面包

Formgebäck, Hefeteiggebäck

★ 区域：德国
★ 主要谷物：小麦
★ 发酵方法：酵母
★ 应用：早餐、甜点

材料（30 个份）
小麦粉 550……2kg
黄油……200g
砂糖……200g
鸡蛋……200g
酵母……100g
盐……20g
磨碎的柠檬皮……适量
香草……适量
牛奶……700mL
蛋液……适量

制作方法

1 将除了蛋液之外的所有材料混合，揉成面团（面团温度为 25℃），醒 30 分钟。
2 将面团分成 30 等份，按照下面的方法塑形。
 1：双螺旋形（Doppelschnecke）：将面搓成 30cm 长的条状，一端向内卷起，另一端向外卷起。
 2：夹鼻眼镜形（Zwicker）：将面团搓成 30cm 长的条状，对折后向外卷起。
 3：酒瓶启形（Korkenzieher）：将面团搓成 30cm 长的条状，两端要搓得细一些。将两端放到一起，旋转 3~4 次，做成螺旋形。
 4：十字形（Kreuzgebäck）：将面团分成 2 小份后分别搓成 20cm 长的条状，然后交叉到一起，做成十字形。将十字形的 4 个尖端卷起来。
 5：蛇形（Schlange）：将面团搓成 30cm 长的条状，两端要搓得细一些。按照左图的样子，扭成蛇形。
 6：眼镜形（Brille）：将面团搓成 30cm 长的条状，两端向中间卷起。
 7：交叉形（Schlaufen）：将面团搓成 30cm 长的条状，两端稍微卷起，再交叉到一起。
3 发酵到一半时，涂上蛋液，发酵 45 分钟，放入 200℃的烤箱，烤 18 分钟左右。

Tip

据说，十字形面包的原型来自于德国民间信仰中太阳神的马车车轮。太阳神是基督教普及前的民间信仰，基督教普及后，这种形状就成了十字架的象征。

Formgebäck 指的是各种形状的面包、糕点，而 Hefeteiggebäck 指的是用酵母发酵的面团做成的面包、糕点。

从左页的图片可以看出，花式糕点面包和酵母糕点面包有很多种造型，当然，这仅仅是一部分，有些造型模仿了特定的物体，有些则全凭想象创造。这两种面包为何会发展出如此繁杂多变的造型呢？有很多种说法，第一种说法，以前的面包师为了展示自己的技术，所以不停地创造新造型；第二种说法，面包师为了吸引顾客，做出了各种新造型；第三种说法，这些造型是面包师揉面时突发奇想创造的。

其中的很多外形都跟德国的民间习俗有关。比如蛇形糕点面包，它象征着德国的冬至。冬至前后，在北欧的分界线北纬 60° 附近，太阳的移动路线是呈螺旋形的。这种形状让人联想到盘成一团的蛇。而且，蛇会经历蜕皮生长。这跟太阳在冬至消失（死去），之后又慢慢出现（重生）的过程很像。这款面包的外形就是根据以上的民间信仰演化而来的。

1. 双螺旋形（Doppelschnecke）：Doppel 是 2 个的意思，Chnecke 是螺旋的意思。
2. 夹鼻眼镜形（Zwicker）：Zwicker 指的是夹鼻眼镜。
3. 酒瓶启形（Korkenzieher）：Korkenzieher 指的是红酒开瓶器。
4. 十字形（Kreuzgebäck）：Kreuz 是十字的意思。
5. 蛇形（Schlange）：蛇。
6. 眼镜形（Brille）：眼镜。
7. 交叉形（Schlaufen）：像卡子一样交叉的结。

德式肉桂卷

Franzbrötchen

- ✶ 区域：德国北部汉堡地区
- ✶ 主要谷物：小麦
- ✶ 发酵方法：酵母
- ✶ 应用：零食、甜点

材料（5个份）

小麦酸种 ※1
中种 ※2
小麦粉 550……190g
牛奶……75g
鲜酵母……4g
黄油……40g
盐……1小撮
蛋黄……1个份
烘焙麦芽……1/2小匙
化开的黄油……适量
肉桂糖……适量

※1 小麦酸种
小麦粉 1050……30g
牛奶……30g
初种……5g

※2 中种
小麦粉 550……30g
牛奶……30g
鲜酵母……0.5g

制作方法

1 将小麦酸种和中种的材料分别混合均匀，在常温下发酵16~20小时。
2 将除了黄油以外的所有材料倒入揉面机中，用低速挡揉5分钟左右。将黄油处理成小块后加入其中，再揉6~8分钟，揉成均匀有弹性的面团。
3 放入冰箱醒30分钟。
4 擀成20cm×30cm的面片，涂上化开的黄油。按照喜好撒上肉桂糖。
5 从短边开始卷起，然后切成4cm厚的片状。用直径0.5cm的木棒，在中间按压一下。左右滚动木棒，做成左页图的样子。
6 放入200℃的烤箱中，烤20分钟左右。

✶ —— ✶ —— ✶ —— ✶ —— ✶

用德式派皮（Plunderteig）或发酵面团制作的糕点面包。它是德国北部汉堡地区的常见食物。

将卷好的面切成厚4cm的片状，再用木铲或木棒等工具按压，两端就会微微翘起，露出好看的螺旋花纹。烘烤后，整个面包变成浅茶色，看起来会更漂亮。

关于这款面包名字的来历，目前并无定论，但有人认为它来源于法国的羊角面包。这两款面包确实有相似之处，比如它们都有很多层。据说派皮的制作方法是1806~1814年拿破仑军在汉堡驻扎时流传下来的。

有一种说法是，肉桂卷的名字来源于汉堡当地一种名叫Franzbrot（或Franzbroot、Franschbroot）的长形面包。Franzbrot的外形类似法棍，当时有个面包店店员将它切开后用油炸了一下。据说，这就是德式肉桂卷的原型。

如今，这款肉桂卷在全国各地都很常见。面包里撒的也不仅限于肉桂糖，还可以放巧克力等配料。

位于德国汉堡的肉桂卷专卖店。

其实，德式肉桂卷也分很多种。

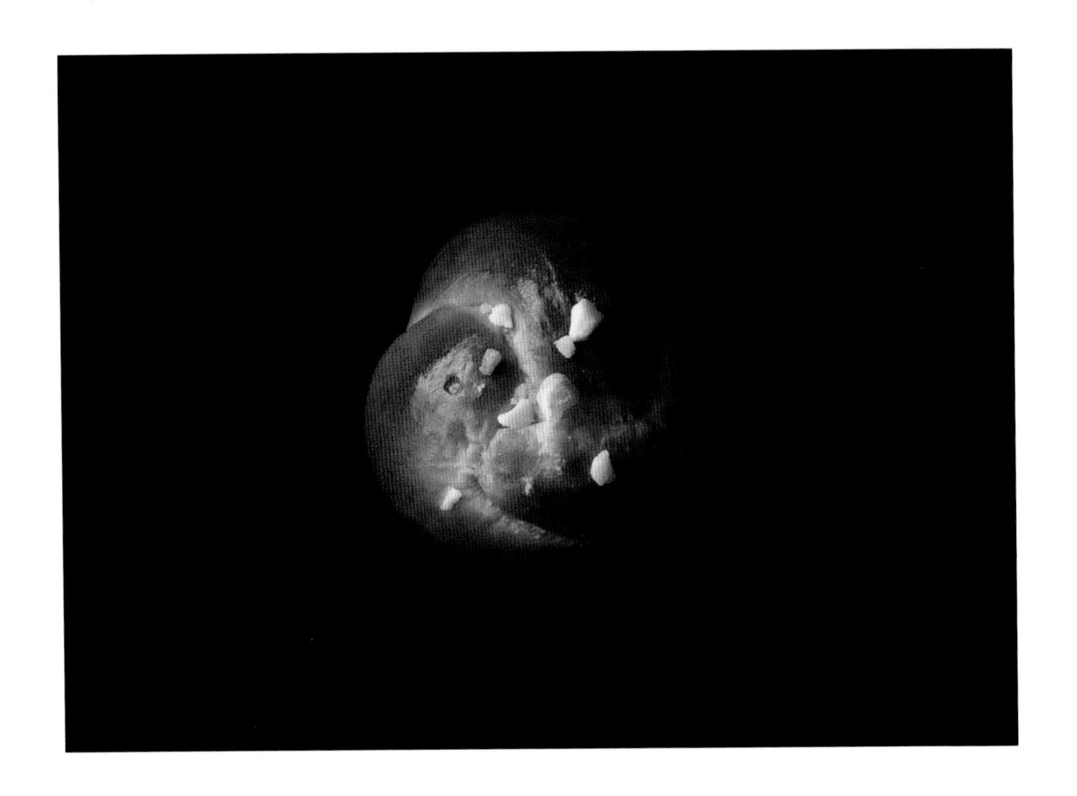

绳结面包
Knoten

✶ 区域：德国　✶ 主要谷物：小麦　✶ 发酵方法：酵母
✶ 应用：早餐、零食、甜点

材料（10 个份）

中种 ※1
汤种 ※2
小麦粉 550……250g
斯佩尔特小麦粉 630
……50g
鲜酵母……8g
砂糖……5g
黄油……60g
蛋液……1 个份
珍珠糖……适量

※1　中种
小麦粉 550……150g
牛奶（脂肪含量 3.5%）
……100g
鲜酵母……1.5g

※2　汤种
小麦粉 550……50g
牛奶……200g
盐……8g

制作方法

1　将中种的材料混合均匀，在 16℃下发酵 16 小时。
2　制作汤种。将材料倒入锅中，边搅拌边加热到 65℃。加热成黏稠的状态后关火，继续搅拌 1~2 分钟。冷却后在冰箱里冷藏 4 小时以上。
3　将除了黄油、蛋液和珍珠糖以外的所有材料倒入揉面机中，用最低速度揉 6 分钟，再用高一挡的速度揉 2 分钟。将黄油处理成小块后加入其中，用相同的速度再揉 3 分钟。
4　在 20℃下发酵 2 小时。发酵至 60 分钟和 90 分钟时拿出来排气。
5　将面团分成 10 等份，分别搓成 30cm 长的条状，编成绳结状（如图示）。
6　涂上蛋液，放入 8℃的冰箱里发酵 12 小时。
7　再涂一次蛋液，放入 180℃的烤箱里烤 40 分钟。
8　撒上珍珠糖。

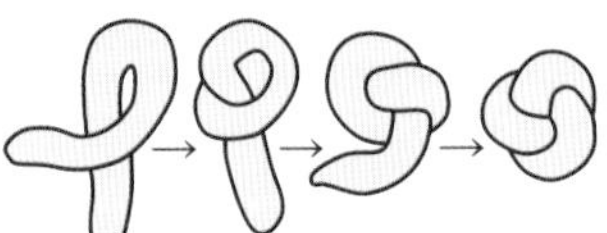
从左到右按顺序编起来

Knoten 等同于英语中的 Knot，意思是绳结。绳结的编法有很多种，这款面包也有很多不同的造型。

最简单的是一根长面的编法，具体做法是用长面绕成一个环状，然后将两端分别伸进环里，这只是众多编法中的一种，还有用2根面、4根面、6根面、10根面的编法。使用的面越多，编法就越复杂，造型也就更立体。

这款面包使用的面团非常简单，也可以自己向里面加配料，或是在烤好的面包上撒些东西，可谓变化无穷。面包的味道也不一定是甜的，可以加入香草和盐等，做成咸味面包。

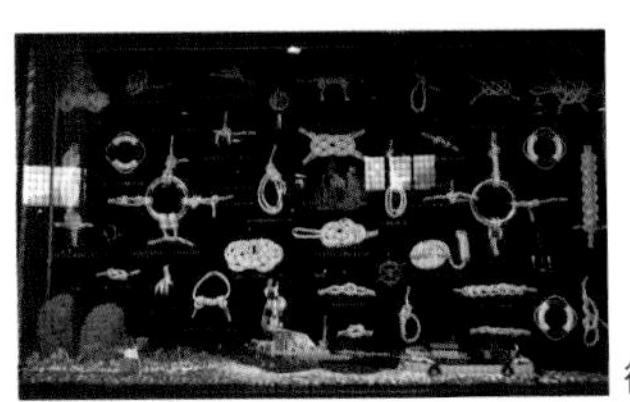
德国有很多航海用的结绳方法。

葡萄干绳结面包

Rosinenknoten

✶ 区域：德国　✶ 主要谷物：小麦　✶ 发酵方法：酵母
✶ 应用：早餐、甜点

材料（20 个份）

中种 ※1
小麦粉 550……380g
砂糖……100g
盐……12g
蛋黄……2 个份
黄油……145g
牛奶……40mL
香草……适量
磨碎的柠檬皮……适量
葡萄干……200g
化开的黄油……适量
珍珠糖……适量

※1　中种
小麦粉 550……380g
鲜酵母……35g
温热的牛奶……230mL

Tip

葡萄干要提前一天用水泡发，然后沥干水分。制作时，加入葡萄干后直接揉圆，做出的就是葡萄干餐包（Rosinenbrotchen）。

制作方法

1　将中种的材料混合，揉成面团，在常温下发酵60分钟左右。
2　将除了化开的黄油和珍珠糖以外的所有材料倒入揉面机中，用低速挡揉 6 分钟，再用高一挡的速度揉 5 分钟（面团温度在 25℃以下）。
3　将处理好的葡萄干揉进面团里。醒 30 分钟。
4　将面团分成 20 等份后分别塑形（如图示）。盖上盖子，发酵 30 分钟左右。
5　在表面涂一些牛奶（分量外），放入 160℃的烤箱中烤 15~18 分钟。烤好后涂上黄油，撒上珍珠糖。

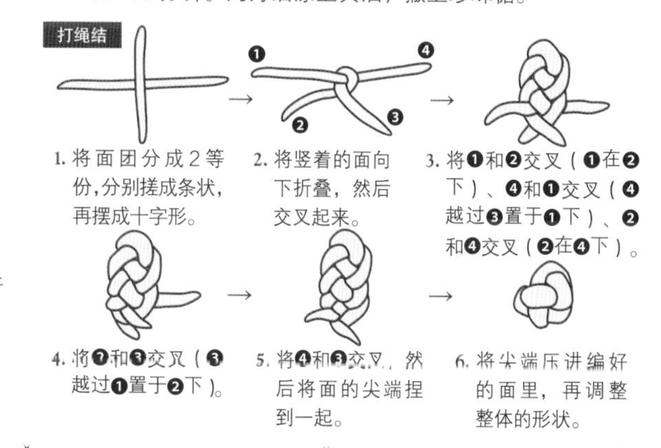

Rosinen指的是葡萄干，顾名思义，这是一款加了葡萄干的绳结面包。在牛奶和砂糖制成的小麦面团里，加入大量的葡萄干，咬上一口，酸甜可口的味道就在口中扩散开来。这种味道和口感，无论是大人还是孩子都会喜欢。

这款面包还有一种变形面包名叫东弗里西亚葡萄干面包。它产自德国北部的东弗里西亚地区，里面还放了柠檬皮和小豆蔻，如果搭配当地的红茶，味道会更有层次感。

布丁扭结面包
Plunderbrezel

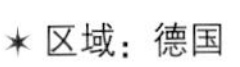

- ✶ 区域：德国
- ✶ 主要谷物：小麦
- ✶ 发酵方法：酵母
- ✶ 应用：甜点

材料（20个份）

- 小麦粉405……500g
- 牛奶……375mL
- 砂糖……4大匙
- 鲜酵母……30g
- 黄油……220g
- 盐……1小撮
- 卡仕达酱……适量
- 蛋黄……1个份
- 杏仁碎……适量

制作方法

1. 将2大匙牛奶和1小匙砂糖混合，稍微加热一下。再将鲜酵母捏碎加入，静置5分钟。
2. 将小麦粉倒入碗中，在中央按出一个小坑。倒入1，将小麦粉轻轻盖在上面。盖上盖子，在温暖的环境发酵20分钟左右。
3. 将4大匙黄油、剩余的砂糖、盐和剩余的牛奶加入2中，揉成光滑且不粘手的面团。盖上盖子，发酵15分钟左右。冷却10分钟左右。
4. 软化剩余的黄油。在台面上撒一些干面粉（分量外）。
5. 将面团擀成薄薄的正方形面片。均匀地铺上4中1/5的黄油，将面折叠起来，静置20分钟，待面片冷却。再重复此操作4次，直至用完所有黄油。
6. 将面团分成20等份，分别搓成40cm长的条状。涂上卡仕达酱后，做成扭结面包的造型。再涂上蛋黄，撒上杏仁碎。
7. 放入180℃的烤箱里，烤15分钟左右。

在扭结面包（P84）的面团上花些心思，就能做出很多种不同的面包。Plunder等同于英语中的Pudding，也就是布丁的意思，不过，德国的布丁不是固体，而是一种奶油状的甜点。布丁是德国人最喜欢的甜点之一，它不但能直接吃，还可以放进面包里。

德国最常见的布丁扭结面包，是像右图那种，将布丁倒进凹陷处。不过，这次介绍给大家的面包，将布丁融入了面团中。

这款面包的口感跟加了卡仕达酱的丹麦面包差不多，味道浓郁又香甜。制作时，可以涂上一层杏酱，来增加面包的光泽。最后撒上杏仁碎，味道就更香了。

面包店里常见的布丁扭结面包，制作时没有将卡仕达酱融入面团里，而是直接倒入了凹陷处。

果酱夹心面包

Buchteln

✶ 区域：德国南部的巴伐利亚和普法尔茨地区、奥地利
✶ 主要谷物：小麦
✶ 发酵方法：酵母、酸种
✶ 应用：零食、咖啡时间、甜点

材料（1个份）

小麦粉550……500g
砂糖……75g
盐……1小撮
黄油……125g
鸡蛋……1个
牛奶……350mL
鲜酵母……1个
香草……适量
鲜西梅、西梅酱或杏酱等……适量

制作方法

1 将小麦粉、砂糖、盐、香草、100g黄油和蛋液混合。
2 稍微加热一下250mL的牛奶，加入鲜酵母，使其充分溶解。倒入1中，揉成光滑的面团。在室温下发酵30分钟左右。
3 将面团放到撒了干面粉（分量外）的台面上，搓成30cm长的棒状。将面团分成12等份，每份都包进西梅或果酱。
4 放入模具中，在室温下发酵20分钟左右。
5 将100mL牛奶和25g黄油混合，稍微加热并搅拌均匀，然后淋到面团上。
6 放入200℃的烤箱里，烤35~40分钟。

Tip

烤好后可以撒一些糖粉。这款面包很适合跟香草酱一起吃。

这款面包的发源地是波西米亚，之后慢慢传到周边的奥地利、萨克森、巴伐利亚和施瓦本等地。它的具体做法是，用发酵过的面团包上果酱，然后放进容器里烘烤。

面包里的馅有明显的地域差异，波西米亚和奥地利习惯用西梅酱、奇亚籽酱和杏酱等，而巴伐利亚则习惯用西梅酱、酸梅和葡萄干等。这款面包用的面是发酵过的，口感柔软而有弹性，很适合搭配这些酸味的水果或果酱。吃的时候可以淋上热热的香草酱，这样就很适合在寒冷的季节食用。

Buchteln来源于捷克语中的Buchta。它还有Wuchteln、Ofennudeln和Rohrnudeln这三个别名。虽然这是一款很甜的糕点面包，但当地人有时会不加砂糖，配上德式酸泡菜一起食用。

柏林炸面包
Berliner Pfannkuchen

✶ 区域：德国
✶ 主要谷物：小麦
✶ 发酵方法：酵母
✶ 应用：甜点

材料（25~26 个份）
小麦粉 550……900g
牛奶……250mL
鲜酵母……63g
砂糖……100g+1~2 大匙
化开的黄油……100g
香草……适量
磨碎的柠檬皮……1 大匙
鸡蛋……3 个
蛋黄……3 个份
酸奶油（常温）……1 杯
盐……1 小撮
炸面包用油……适量
果酱……适量
糖粉……适量

制作方法

1 将牛奶稍微加热，加入鲜酵母和 1~2 大匙砂糖，充分溶解后，发酵 10~12 分钟。
2 将小麦粉倒入碗中，加入化开的黄油、砂糖、香草、磨碎的柠檬皮、蛋液、蛋黄、酸奶油、盐和 1，揉成光滑的面团。盖上盖子，在室温下发酵，膨胀至原来的 2 倍大小为止。
3 将面放到撒了干面粉（分量外）的台面上，揉均后分成 25 或 26 等份，分别揉圆。盖上盖子，发酵 10 分钟左右。
4 放进 180℃的油里炸成浅茶色。
5 将果酱搅拌成柔滑的状态，装入裱花袋，在炸过的面包上切一个口，填入果酱，最后在表面撒上糖粉。

Berliner Pfannkuchen 直译过来是“柏林的松饼”。在德国，松饼既指用平底锅煎出的松软甜点，又指这款类似甜甜圈的炸面包。

据说，16 世纪时只有德国北部才有这样的油炸甜点，但如今，它已经成了德国很常见的甜点。柏林炸面包能顺利地推广到全国，主要是因为 19 世纪后期首都柏林的经济快速发展，还有当时著名的烹饪作家亨利埃特·大卫迪斯将这款面包的配方收录进书中。

柏林炸面包外表呈圆形，像炸甜甜圈一样将其炸好，然后填入果酱等馅料。不同地区和时期的炸面包，使用的馅料也有所不同。德国北部一般会用蔓越莓或樱桃这种红色的果酱；而南部和奥地利则一般用杏酱；东部习惯用西梅酱；施瓦本和弗兰肯等地一般用玫瑰果酱。

最近，柏林炸面包又增加了很多新品类。比如用鲜奶油、香草酱、巧克力、蛋奶酒等当馅的炸面包。面包表面一般会撒糖粉，有的会淋上糖霜或巧克力。这些经过变形的柏林炸面包，通常出现在嘉年华（P170）上。

德国人新年前一天（P119）一般是跟朋友一起参加新年派对。这款柏林炸面包，是派对上必不可少的食物，有趣的是其中一个会是芥末或木屑馅的，这样吃面包时就会很刺激。

柏林炸面包的全名（Berliner Pfannkuchen）比较长，德国北部地区和西部的莱茵兰、威斯特法伦等地，会直接将其简称为 Berliner，而以柏林为首的东部地区，则会用后面的 Pfannkuchen 来称呼它。当然，这款面包在其他地区还有很多别名，比如在黑森、下弗兰肯、莱茵黑森和图林根西部地区，就称之为 Kreppel 或 Kräppel。在南部，特别是巴伐利亚和巴登-符腾堡州的部分地区，会称之为 Krapfen。

嘉年华夹心炸面包
Faschingskrapfen

- ✶ 区域：主要分布于德国南部
- ✶ 主要谷物：小麦
- ✶ 发酵方法：酵母
- ✶ 应用：甜点、嘉年华时期

材料（25~26 个份）

小麦粉 550……900g
牛奶……250mL
鲜酵母……1.5 个
砂糖……100g+1~2 大匙
化开的黄油……100g
香草……适量
磨碎的柠檬皮……1 大匙
鸡蛋……3 个
蛋黄……3 个份
酸奶油……1 杯
盐……1 小撮
炸面包用油……适量
鲜奶油、卡仕达酱等……适量
糖粉、糖霜、考维曲巧克力等……适量

制作方法

1. 将牛奶稍微加热，然后加入鲜酵母和 1~2 大匙砂糖，充分溶解后，发酵 10~12 分钟。
2. 将小麦粉倒入碗中，加入化开的黄油、100g 砂糖、香草、磨碎的柠檬皮、蛋液、蛋黄、酸奶油、盐和 1，揉成光滑的面团。盖上盖子，在室温下发酵，膨胀至原来的 2 倍大小为止。
3. 将面团放到撒了干面粉（分量外）的台面上，揉均后分成 25 或 26 等份，分别揉圆。盖上盖子，发酵 10 分钟左右。
4. 放进 180℃的油里炸成浅茶色。
5. 将炸过的面包横向切开，中间夹上自己喜欢的奶油或酱料，上半部分面包撒上糖粉或淋上糖霜、巧克力酱等。

Tip

馅料和表面的装饰有很多种，大家可以随意选择。

近几年，柏林炸面包出现了不少新品类，表面装饰和馅料种类都有所增加。比如用牛轧酱、卡仕达酱、蛋奶酒等做成的馅料，用糖霜和巧克力等做成的表面装饰，它们比原味的柏林炸面包更漂亮。在嘉年华看到如此缤纷多彩的面包，一定想买来尝尝。

嘉年华时摆放在店里的柏林炸面包。

柏林扭结面包
Berliner Brezel

* 区域：德国北部柏林等地
* 主要谷物：小麦
* 发酵方法：酵母
* 应用：甜点、零食

材料（25~26个份）
小麦粉550……900g
牛奶……250mL
鲜酵母……63g
砂糖……100g+1~2大匙+适量
化开的黄油……100g
香草……适量
磨碎的柠檬皮……1大匙
蛋液……3个份
蛋黄……3个份
酸奶油（室温）……1杯
盐……1小撮
炸面包用油……适量

制作方法

1 将牛奶稍微加热，加入鲜酵母和1~2大匙砂糖，充分溶解后，发酵10~12分钟。
2 将小麦粉倒入碗中，加入化开的黄油、100g砂糖、香草、磨碎的柠檬皮、蛋液、蛋黄、酸奶油、盐和1，揉成光滑的面团。盖上盖子，在室温下发酵，膨胀至原来的2倍大小为止。
3 将面团放到撒了干面粉（分量外）的台面上，揉匀后分成25或26等份，做成扭结面包的形状。醒30分钟左右。
4 放进180℃的油里炸成浅茶色，撒上砂糖。

这是用柏林炸面包（P166）的面团制成的扭结面包，所以被称为柏林扭结面包。有些地区习惯在嘉年华（P170）时食用，人们也称之为嘉年华扭结面包。

这款面包没有馅，只是在表面撒上砂糖或肉桂糖。

即使用同样的面团，只要改变一下形状，面包的口感和味道也会有所不同，这是用这种面团做出的面包的特征。跟普通的柏林炸面包相比，这款柏林扭结面包没有馅料，口感更轻盈。

味道质朴，让人百吃不厌。

专栏 13

嘉年华和糕点面包

嘉年华期间推出的
各种特殊的炸糕点

© GNTB/（Franke, Oliver） 科隆的嘉年华庆典。图上是手持土耳其塔架铃钟的护卫队。

提到嘉年华，大多数人都会想到热闹的游行。

嘉年华在日语中也叫谢肉祭，它来源于拉丁语中表示拒绝肉类的单词。从圣灰星期三到复活节前日止（为期46天）是大斋期，也叫四旬期。在断食前，人们会庆祝和狂欢，这就是所谓的嘉年华。

断食开始的那一刻，也就是圣灰星期三的0点，人们会点燃用稻草做成的娃娃，用娃娃代替在嘉年华上狂欢的自己，通过燃烧娃娃来赎罪。

嘉年华的庆祝方式

嘉年华并不是整个德国都会举办的庆典。崇尚嘉年华文化的地区主要分布在莱茵河沿岸，其中比较著名的有美茵茨、科隆和杜塞尔多夫等城市。每到断食前，这些城市都会举办盛大的嘉年华，不过，也有很多人不喜欢嘉年华。

新的一年来临，嘉年华也就开始了。城市里，到处都有喜剧表演、现场音乐会和舞蹈秀等活动。到了嘉年华的最后几天，人们会穿上各式各样的衣服，到街上进行盛大的游行。

1. 德国企业举办的嘉年华还有非常精彩的表演。2. 扮成中世纪小丑参加游行的人。游行时人们会穿上各式各样的衣服，有小丑服装，也有游行者自己原创的服装。

嘉年华的开始时间本来是1月6日的主显节。但到了19世纪，德国大部分地区的嘉年华，都提前到了11月11日，快到当日的11点11分时，人们会开始倒数，来庆祝嘉年华的正式到来。德国的嘉年华时间很长，会从11月11日一直延续到春天的四旬期结束。不过，在基督降临节和圣诞节期间不会举办嘉年华活动。

油炸糕点必不可少

嘉年华期间，科隆等地的人习惯吃名叫炸甜饼和炸杏仁甜饼的糕点。这两种都属于油炸食品，炸甜饼的外形是扁平的菱形，而炸杏仁甜饼，顾名思义外表看起来很像杏仁。

嘉年华的游行一般在玫瑰星期一举行。游行的主要看点是缤纷多彩的花车和伴其左右的鼓乐队。人们通常会根据当年发生的大事或话题性人物装饰花车。在科隆等城市，花车上的人会向围观群众撒糖果和巧克力等，人们争先恐后地抢糖果，场面好不热闹。

跟其他节庆一样，嘉年华也有明显的地域性差异。很多城市都会举行当地特有的活动，比如用方言唱民歌等，这种能体现地域文化的节庆，非常有意思。

© GNTB/（Franke, Oliver）

© GNTB/（Dipl. Fotograf Brunner, Ralf）

3. 嘉年华时吃的糕点——炸杏仁甜饼。它的具体做法是将面粉、杏仁粉、黄油、蛋液、砂糖等混合做成面团，用模具造型后放进油里炸，最后再撒上砂糖。4. 科隆的嘉年华游行。花车队伍向人们撒糖果，场面非常热闹。5. 施瓦本－阿勒曼地区的嘉年华。人们会带着特色面具参加游行。

土豆炸面包

Erdäpfelkrapfen

✶ 区域：德国南部
✶ 主要谷物：小麦
✶ 发酵方法：酵母
✶ 应用：零食

材料（8~10 个份）
土豆（大）……320g
小麦粉 550……350g
鲜酵母……30g
鸡蛋……2 个
鲜奶油……100mL
炸面包用油……适量

制作方法

1 将土豆煮熟后剥皮，稍微冷却后用勺子等工具碾碎。
2 将小麦粉筛进装土豆泥的碗中，搅拌均匀。在中央按出一个小坑，将鲜酵母捏碎后加入其中。加入鲜奶油，搅拌均匀。再加入蛋液，搅拌均匀。盖上盖子，放到温暖的环境发酵 60 分钟左右。
3 将面团放到撒了干面粉（分量外）的台面上，在面团表面也撒一层干面粉（分量外），然后揉成质地均匀的面团。如果面团较软，可以再加一些小麦粉（分量外）。
4 将面团揉成棒状，用刀切成 8~10 等份，然后按成 1cm 厚的圆片。
5 放进 180℃的油里炸成浅茶色。

Tip

土豆里也含有一定水分，制作时需要根据面团的状态，来调整鲜奶油的用量。

Erdapfel是德国南部的方言，直译过来是土地里的苹果，但其实是指土豆，所以，这是一款加了土豆的面包。

Krapfen一般是指跟柏林炸面包（P166）差不多的甜味糕点，但这款土豆炸面包却是咸的。酥脆的外皮里裹着湿润软糯的土豆馅，刚炸好时是最好吃的。这是一款富含淀粉的甜点，很适合给生长期的孩子当零食，或者是大人用来充饥。制作时，还可以往面团里加些奶酪、火腿或是欧芹这类的香草。

Krapfen的语源可以追溯到9世纪。当时的古高地德语中有个写作Krapho的单词，后来演化成了中古高地德语中的Krapfe，它指的是钩形面包。从单词的这段历史可以看出，土豆炸面包历史很悠久。

油炸面包圈
Ausgezogene

✶ 区域：德国南部的巴伐利亚等地
✶ 主要谷物：小麦
✶ 发酵方法：酵母
✶ 应用：零食、甜点

材料（20~25 个份）
小麦粉 550……900g
牛奶……300mL
鲜酵母……63g
砂糖……100g+1~2 大匙
化开的黄油……100g
香草……适量
磨碎的柠檬皮……1 大匙
鸡蛋……3 个
盐……1 小撮
炸面包用油……适量
肉桂糖……适量

制作方法

1 将牛奶稍微加热一下，加入鲜酵母和 1~2 大匙砂糖，充分溶解后，发酵 10~12 分钟。
2 将小麦粉倒入碗中，加入化开的黄油、100g 砂糖、香草、磨碎的柠檬皮、蛋液、盐和 1，揉成光滑的面团。盖上盖子，在室温下发酵，膨胀至原来的 2 倍大小为止。
3 将面团放到撒了干面粉（分量外）的台面上，揉均后擀成 1cm 厚的面片，用直径 6~7cm 的切模压成一个个圆形。稍微擀几下，擀成中间薄边缘厚的圆片，醒 30 分钟左右。
4 将面片稍微擀开，放进 180℃的油里炸成浅茶色，撒上肉桂糖。

Ausgezogene来源于Ausziehen这个动词，它的意思是拉出来，拉出来指的是给面包造型时的动作。这款面包还有一个别名——用膝盖做成的面包，据说这款面包在最初是用膝盖压出来的。

过去，这款面包是在节庆时吃的，比如秋天的收获节、教会的祭典、城镇一年一度的市民节等。在弗兰肯的部分地区，油炸面包圈的外形会根据宗教信仰的不同而改变。如果中间部分是凹陷的，代表的是天主教，而如果是凸起的，则代表新教。

刚炸出来的面包圈是最美味的。有些人喜欢直接吃，有些人会抹上果酱吃。

慕尼黑的一间名叫“Café Frischhut”的面包店，上图是店里卖的油炸面包圈，右图是面包师正在炸面包圈。

葡萄干螺旋面包

Rosinenschnecke

✶ 区域：德国　✶ 主要谷物：小麦、斯佩尔特小麦、黑麦等
✶ 发酵方法：酵母、酸种　✶ 应用：甜点

材料（约 10 个份）

斯佩尔特小麦 630……60g
小麦粉 550……540g
鲜酵母……12g
蛋黄……24g
牛奶（脂肪含量 3.5%、5℃）……280g
砂糖……60g
盐……10g
黄油……36g
黄油（常温）……300g
葡萄干（用水、朗姆酒等浸泡过的）……适量
蛋液……适量

制作方法

1 将除了常温黄油、蛋液和葡萄干之外的材料混合，揉成光滑的面团。擀成边长为 25cm 的正方形面片，用保鲜膜包起来，在 5℃下静置 8~24 小时。
2 用两张烘焙纸夹住常温黄油，然后擀成边长 17cm 的正方形。在 10~12℃下保存。
3 将 2 的方形黄油的四个角，分别放到 1 的方形面片的四条边中央，然后将面片的四个角向中心折叠。
※ 一定要将黄油放到面的正中。
4 将 3 擀成 30cm×60cm 的长方形，然后将两个短边向中心折叠。折好后又变成了一个正方形，然后继续对折。
5 包上保鲜膜，在 10℃下醒 30 分钟。再次将面擀开，重复 4 的操作，向中心折叠两次。
6 醒 30 分钟，擀成 3mm 厚的薄片。
7 切成长方形，撒上葡萄干后卷起来，然后切成 1~2cm 厚的片状。
8 在室温下发酵 4 小时 30 分钟至 5 小时。为了防止面团变干，可以盖上保鲜膜等。
9 涂上蛋液，放入 220℃的烤箱里，调成 200℃，只开少许蒸汽或不开蒸汽烤 20 分钟。

Rosinen是指葡萄干，而Schnecke是指蜗牛。不过，Schnecke除了指蜗牛，还有旋涡、螺旋等意思。

这是一款用发酵面团做成的面包，它的外形比较特殊，是螺旋形的。上面介绍的是加了葡萄干的配方，其实它还有很多变形，比如加了榛子酱的榛子螺旋面包、加了肉桂糖的德式肉桂卷（P160）、用柏林炸面包（P166）的面团裹上苹果块后制成的柏林苹果螺旋面包等。

这款面包还有很多不同的尺寸。大的螺旋面包让人看到就有食欲，迷你螺旋面包则十分可爱。

苹果黄油蛋糕
Apfelbutterblechkuchen

★ 区域：德国　★ 主要谷物：小麦　★ 发酵方法：酵母
★ 应用：甜点、午后的咖啡时间、招待客人

材料（12 个份）

小麦粉 550……500g
牛奶（加热到与人的体温相近）……250mL
鲜酵母……42g
砂糖……1 大匙 +125g
黄油……275g
蛋黄……2 个份
鸡蛋……1 个
盐……1 小撮
磨碎的柠檬皮……1 大匙
苹果（有酸味的品种）*……2~3 个
杏仁片……200g
砂糖……40g
肉桂粉……1 小匙

* 苹果可以提前煮熟。如果是生的，要去皮去核，切成半圆形薄片或扇形薄片，再撒上柠檬汁腌一会儿。

制作方法

1 用牛奶溶解鲜酵母，加入 1 大匙砂糖，搅拌均匀后发酵 10~15 分钟。
2 软化 125g 黄油，再加入 125g 砂糖，搅拌均匀后分几次少量地加入蛋液和蛋黄，每次加入都要充分搅拌。加入盐和磨碎的柠檬皮，搅拌均匀。
3 将 1、2 和小麦粉混合，揉成质地均匀的面团。盖上盖子，放到温暖的环境发酵 30 分钟左右。
4 拿出面后揉一会儿，放到撒了干面粉（分量外）的台面上，擀成跟烤盘差不多的大小。放到烤盘上，发酵 15 分钟左右。
5 用手指或工具按出一些小坑，将 150g 黄油处理成小块，放到坑上。将苹果整齐地摆到面上，再撒上杏仁片。将 40g 砂糖和肉桂粉混合，均匀地撒到面上。醒 10~15 分钟。
6 放入 180~200℃的烤箱里，烤 25~30 分钟。
7 切成 12 块。

Tip

操作到 5 时，还可以将黄油跟糖粉混合，放入裱花袋里，再挤到面团上。

这款蛋糕的名字看似很复杂，但分解后就简单多了。Apfelbutterblechkuchen 可以分解成 Apfel（苹果）、Butter（黄油）、Blech（烤盘）、Kuchen（蛋糕）这 4 个词，连在一起就是平铺在烤盘上的加了苹果的黄油蛋糕。

具体做法是，将发酵面团或磅蛋糕面团擀成片状后铺到烤盘上，再摆上水果烘烤。制作方法不是很复杂，是一款在家也能做的蛋糕。

这款苹果黄油蛋糕，只是在普通蛋糕的基础上放了黄油块、苹果、砂糖和杏仁片等食材，操作起来很简单，味道却非常棒。

蜜蜂之吻蛋糕

Bienenstich

★ 区域：德国
★ 主要谷物：小麦
★ 发酵方法：酵母
★ 应用：甜点、午后的咖啡时间

材料（20~30个份）

小麦粉550……400g
鲜酵母……1/2个
温热的牛奶……125mL
砂糖……100g
黄油……60g
鸡蛋……1个
盐……1小撮
表面装饰 ※1
馅料 ※2

※1 表面装饰

黄油……60g
鲜奶油……100g
砂糖……80g
牛奶……3大匙
玉米淀粉……2大匙
杏仁片……200g

※2 奶油馅

牛奶……500mL
砂糖……100g
香草……适量
玉米淀粉……30g
鸡蛋……3个
吉利丁片……4片

制作方法

1 将鲜酵母跟温热的牛奶、1大匙砂糖混合均匀，放到温暖的环境静置15分钟左右。
2 将剩余的砂糖、黄油、蛋液和盐倒入1中，再加入小麦粉，搅拌均匀后揉10分钟左右。盖上盖子，发酵30分钟左右。
3 制作表面装饰。将黄油、鲜奶油和砂糖倒入锅中，放到火上加热，用牛奶溶解玉米淀粉后倒入锅中，继续加热至沸腾。加入杏仁片，搅拌均匀后关火，放置到冷却。
4 拿出面团后揉一会儿，擀成跟烤盘差不多的大小（大约30cm×40cm），然后铺到烤盘上。将表面装饰均匀地铺到面上，盖上盖子，发酵30分钟左右。
5 放入200℃的烤箱中，烤25分钟左右。
6 制作奶油馅。用3大匙牛奶溶解玉米淀粉，再用水（分量外）泡发吉利丁片。将剩余的牛奶、砂糖和香草倒入锅中，放到火上加热，加入玉米淀粉和蛋黄，快速搅拌均匀。加入泡发的吉利丁片，充分搅拌，使其溶解。放置到冷却后，分批少量地加入打发成硬性的蛋白。
7 将烤好的蛋糕趁热切成10cm宽的条状，再横向切成上下两半。将带表面装饰的那部分对半切开（横向或斜向），下半部分直接放回烤盘，均匀地涂上奶油馅，然后将上半部分叠放到馅料上。静置30分钟左右，切成20~30块。

Bienenstich是由Biene（蜜蜂）和Stich（针刺）这两个词组成的，直译过来就是蜜蜂的一刺。它是一款用发酵面团制作的蛋糕。具体制作方法是将面团和其他材料铺到烤盘上烘烤，因此它也算是烤盘蛋糕的一种。这种做法在德国很常见，因为这款蛋糕可以大批量制作，所以德国的很多店铺都有出售。

这款蛋糕的名字究竟是怎么来的？现在已经不得而知了，只流传下来一个与之有关的故事。

1474年，莱茵河沿岸的林茨城计划对附近的安德纳赫城发起进攻，当时安德纳赫城是莱茵河的关口，人们需要向当地上缴关税，虽然国王认可了这件事，但林茨城人民却不愿意纳税，于是，两个城市间就起了争端。发起进攻的当天早上，安德纳赫城的2个实习面包师沿着城墙散步，他们发现墙上筑着蜂巢，于是就想取些蜂蜜吃。正好碰到林茨域的士兵前来攻城，情急之下，2个实习面包师将蜂巢扔向那些士兵，蜜蜂飞出来乱蛰，让士兵们乱了阵脚，落荒而逃。为了庆祝这次意外胜利，安德纳赫城的面包师做了一款蛋糕，并给它起名为蜜蜂之吻。

浓郁香甜的奶油配上脆脆的杏仁，让人欲罢不能。加了香草的奶油馅，在德国很有人气，很多甜品都会用到它，德国市面上可以买到这种奶油的半成品，这样做起来更简单，不用担心失败。

西梅酥粒蛋糕
Zwetschgenkuchen

* 区域：德国
* 主要谷物：小麦
* 发酵方法：酵母
* 应用：甜点、午后的咖啡时间

材料（约 20 个份）

中种 ※1
小麦粉 550……185g
砂糖……40g
黄油（或人造黄油）
……40g
蛋黄……3 个
牛奶……20~40g
盐……2g
柠檬汁……20g
西梅……2kg
化开的黄油……30g
酥粒 ※2

※1　中种
小麦粉 550……90g
牛奶……55g
鲜酵母……15g
砂糖……10g

※2　酥粒
小麦粉 405……400g
黄油（或人造黄油）
……175g
砂糖……200g
柠檬汁……15g
盐……2g

制作方法

1 将中种的材料混合均匀，发酵 30~60 分钟。膨胀至原来的 3 倍大小为止。
2 将中种、小麦粉、砂糖、蛋黄、牛奶、盐和柠檬汁一起倒入揉面机中，用最低速度揉 5 分钟，再用高一挡的速度揉 5 分钟，揉成光滑细腻的面团。加入黄油，用相同的速度揉 3~5 分钟，揉成紧实有光泽且不粘手的面团，发酵 45 分钟。
3 制作酥粒。将酥粒的材料混合，用手搅拌均匀，盖上盖子，放到冰箱里保存。
4 拿出 2 的面团，稍微揉几下，发酵 30 分钟。
5 将西梅对半切开后去核。
6 将 4 的面团放到烤盘上，用擀面杖擀开。将西梅切面朝上，摆放在面上。涂一层化开的黄油，均匀地撒上酥粒。发酵 30 分钟左右。
7 放入 180℃的烤箱里，烤 30 分钟。
8 切成 20 块。

德国的水果消耗量很大。人们习惯在早餐或休息时间吃一些苹果或香蕉，市场里也有很多卖水果的摊位。有些人家会在院子里种果树，像蔓越莓这种莓果更是满街都是。

配方里使用的西梅属于欧洲李的一种，在德国是很常见的水果。西梅的吃法有很多种，可以直接吃，也可以做成西梅酱、西梅罐头、梅干和梅酒等。这款西梅酥粒蛋糕是在家也能做的糕点，每到西梅成熟的季节，很多德国家庭都会制作。

在周末午后的咖啡时间，用鲜奶油配上这款酸酸的西梅蛋糕，真是人间的极大享受。上面的配方里还加了酥粒，当然，不加也可以。

酸樱桃酥粒蛋糕

Streuselkuchen

★ 区域：德国　* 主要谷物：小麦
★ 发酵方法：酵母
★ 应用：甜点、午后的咖啡时间、招待客人

材料（约 20 个份）

小麦粉 405……550g
鲜酵母……21g
酪乳……250mL
黄油……60g
砂糖……40g
鸡蛋……2 个
盐……1 小撮
酥粒 ※1
酸樱桃（罐头）……适量

※1　酥粒
小麦粉 405……175g
红糖……100g
黄油……125g

制作方法

1　将小麦粉、鲜酵母和酪乳混合，揉成较硬的面团，发酵 30 分钟。
2　加入黄油、砂糖、蛋液和盐，用低速挡揉 15 分钟，揉成较软的面团。发酵 60 分钟。
3　制作酥粒。将材料混合均匀，放到冰箱里保存。
4　将面团放到烤盘上，用擀面杖擀开。均匀地摆上酸樱桃，再撒上酥粒。
5　放入 180℃的烤箱里，烤 30 分钟左右。
6　切成 20 块。

Tip

可以自由发挥，比如用杏仁片代替酸樱桃，或是涂上卡仕达酱等。

酥粒是用面粉、砂糖和黄油制成的，经常用于制作蛋糕或饼干等糕点。如果想将酥粒做得大一些，就多加一些液体。想做得小一些，则要减少液体的量。

酥粒的用途非常广，它既可以用于奶酪蛋糕，也可以用于水果蛋糕。酥粒的口味也有很多种，比如肉桂味、可可味、榛子味、杏仁味和柠檬味等，只要在制作时加入相应的材料就可以了。大家可以发挥自己的创造力，将不同口味的酥粒与各种蛋糕搭配，如用茶色的可可酥粒搭配白色的奶酪蛋糕，或用榛子酥粒搭配加了杏的水果蛋糕。

用莓果制作的酥粒蛋糕。

专栏 14

糕点面包的种类和相关知识

想深入研究德国的糕点面包
就要先了解它的分类

1. 坚果螺旋面包。2. 德式牛角面包。3. 蝴蝶酥。

在日本，面包和糕点是两种不同的东西，但在德国却不是这样。对于德国人来说，只要是以谷物为主且需要烘烤的食物，就属于面包。所以前面提到的糕点面包，既算是糕点，也算是面包。本书将德国面包分成了大型面包、小型面包和糕点面包三大类。德国的糕点面包是指油脂和砂糖占总重10%以上的面包，其中的某些品种跟日本的烤甜点很像。

下面就为大家介绍一下德国糕点面包的具体分类。

①发酵糕点（Hefefeingebäck）

Hefe 指酵母，Feingeback 等同于英语中的 Pastry，是面团的意思。顾名思义，Hefefeingeback 是指用发酵面团制成的糕点。

ⓐ袋子面包（Taschen）：带夹心的糕点面包。如螺旋面包（Schnecken，P174）：螺旋形的糕点面包。牛角面包（Hörnchen）：牛角或新月形的糕点面包。

ⓑ蛋糕（Kuchen）：放在烤盘上烘烤的蛋糕。如黄油蛋糕（Butterkuchen，P175）、酸樱桃酥粒蛋糕（Streuselkuchen，P179）等。

ⓒ发酵型的辫子面包（Hefezöpfe）：酵母辫子面包（P152）等。

ⓓ起酥糕点（Plundergebäck）：加了酵母的派或丹麦面包。比如德式肉桂卷（Franzbrötchen，P160）等。

ⓔ史多伦面包（Stollen，P136）。

②派皮糕点（Blätterteiggebäck）

用派皮面团制成的糕点。

比如蝴蝶酥（Schweinsohren，这个词在德语中是猪耳朵的意思）等。

③果馅卷（Strudel）

用小麦粉、油脂和水做成薄面皮，包上馅后烘烤而成的糕点。

比如苹果卷（Apfelstrudel）等。

4. 多瑙河之波蛋糕。5. 下午茶时吃的饼干。6. 脆饼干。7. 年轮蛋糕。8. 水果挞。9. 姜饼。

④磅蛋糕（Rührkuchen）

用磅蛋糕面团做成的烤甜点。Rühr 来源于动词 rühren（搅拌）。

沙感蛋糕（Sandkuchen，Sand：沙子）、多瑙河之波蛋糕（Donauwelle：多瑙河上的波浪）、年轮蛋糕（Baumkuchen）等。

⑤酥脆糕点（Mürbteiggebäcke）

像曲奇饼干和挞这种酥脆的糕点。

曲奇饼干（Teegebäck）：口感酥脆的饼干。挞皮（Obstböden）：水果挞的挞皮、鲜果挞（Torteletts）等。

⑥饼干类糕点（Dauerbackwaren）

保存时间较长的烤甜点。

比如 Cracker（Kekse，Kräcker）：薄脆饼干、咸饼干、姜饼（Lebkuchengebäcke：用蜂蜜和香料做成的饼干）、迷你扭结脆饼（Laugendauergebäcke）：很小的扭结形甜点、饼干（Biskuit）：脆饼干、烤面包片（Zwieback）：烤过的面包片等。

⑦奶油蛋糕（Torten）

用海绵蛋糕坯和奶油等一起制成的蛋糕。

比如鲜奶油蛋糕（Sahnetorte）：用鲜奶油做成的蛋糕、水果蛋糕（Fruchttorten）：用水果做成的蛋糕等。

了解德国面包

Brotkunde

* * *

在正式接触德国面包之前，应该先了解一下德国面包的分类，了解了面包材料、地域特性等知识，就能对德国面包有个大致的了解。本章中还会介绍德国人买面包的地方和吃面包的情景，以便大家理解德国人跟面包之间的密切联系。除此之外，还会介绍面包向有机、素食方面发展的趋势和进展。

德国面包的分类

德国面包有明确的分类标准，有时是根据重量分类，有时则是根据谷物的比例分类。然后，根据分类确定面包的名字。下面是有关德国面包的基础知识，供大家参考。

德国面包的分类和命名方式都要遵循一定的标准。

将面包分类后，就可以根据它的类别命名了。面包的名字通常是由主要谷物名+面包种类名组成的。德语单词一般都比较长，刚开始可能让人摸不着头脑，熟悉之后，只看名字就能想象出这是一款什么样的面包。

谷物的含量和比例也会对面包的名字产生影响，这意味着，看到面包的名字就能大概猜出它的味道和形状。

书中提到的面包，也遵循德国面包的分类和命名标准。下面就给大家详细介绍一下德国面包的分类方式。

德国面包店里的小型面包。

大型面包（Brot）（P14）

谷物或谷物制品占总重的90%以上，油脂和砂糖等糖分占总重的10%以下，重量高于或等于250g的面包。这类面包在德国约有300种。

小型面包（Kleingebäck）（P82）

谷物或谷物制品占总重的90%以上，油脂和砂糖等糖分占总重的10%以下，重量低于250g的面包。这类面包在德国有1200多种。主要在早餐时吃的超小型面包（小型面包中最小的类型）被称为Brötchen，重量一般是40~60g，在各地有不同的别名（P187）。

糕点面包（Feine Backwaren）（P150）

谷物或谷物制品约占总重的90%，油脂和砂糖等糖分占总重10%以上的面包。大多是味道较甜、较浓郁的面包，也包括普通糕点。关于糕点面包的具体分类情况，请参照P180。

书中有一章介绍的是德国节庆活动时吃的面包（Festtagsgebäck）（P112），严格来说，它们也算是大型面包、小型面包或糕点面包中的一种。

基本的面包分类

名称	中文	说明
Brot	大型面包	谷物或谷物制品占总重的 90% 以上，油脂、砂糖等糖分占总重的 10% 以下。总重在 250g 以上。
Landbrot Bauernbrot	乡村面包 农夫面包	大型面包的一种。外形是德式乡村风格，面包的外皮很厚，表面撒了一些干面粉。
Biobrot	有机面包	有机原料占 95% 以上的大型面包。
Kleingebäck	小型面包	谷物或谷物制品占总重的 90% 以上，油脂、砂糖等糖分占总重的 10% 以下。总重在 250g 以下。
Brötchen	早餐面包	小型面包中最小的类型，重量一般为 40~60g，主要在早餐时食用。

我们常说的主食面包都是大型面包或小型面包。因为它们都是谷物或谷物制品占总重的90%以上、油脂和砂糖等糖分占总重的10%以下的面包，唯一的区别是重量，如果达到或超过250g就是大型面包，而不足250g则是小型面包。这两种面包，除了表示重量的部分，其他部分的命名都有相通之处。

那么，究竟应该怎样给面包命名呢？面包命名最重要的部分是谷物配比。即使用同样的谷物，配比不同，最后的名称也会有所不同。给大家举几个例子。

切成片状包装起来的混合麦片面包（P71），在一般的超市就能买到。

Weizenbrot=Weizen+Brot

Weizen指小麦粉占90%以上的面包。Brot指大型面包。所以Weizenbrot就是小麦粉占90%以上的大型面包。

Weizenkleingebäck=Weizen+Kleingebäck

Kleingebäck指小型面包，因此Weizenkleingebäck就是小麦粉占90%以上的小型面包。

根据谷物配比命名的面包分类表请参照P186。

除了谷物配比，还有根据面包形状命名的方式。

德国的糕点面包。

Rundbrot=Rund+Brot

Rund指圆形。Brot指大型面包。所以Rundbrot就是圆形大型面包。

根据形状命名的面包分类表请参照P187。

根据主要谷物将面包分类

名称	中文	谷物量
Weizen- / Weiß-	小麦面包	小麦粉占 90% 以上
Weizenmisch-	小麦混合面包	小麦粉占 50%~90%
Roggen-	黑麦面包	黑麦粉占 90% 以上
Roggenmisch-	黑麦混合面包	黑麦粉占 50%~90%
Weizenvollkorn-	全麦小麦面包	小麦全麦制品占 90% 以上
Roggenvollkorn-	全麦黑麦面包	黑麦全麦制品占 90% 以上
Vollkorn-	全麦面包	小麦全麦制品和全麦黑麦制品占总量的 90% 以上
Weizenroggenvollkorn-	小麦黑麦全麦面包	小麦全麦制品占全麦制品总量的 50% 以上
Roggenweizenvollkorn-	黑麦小麦全麦面包	黑麦全麦制品占全麦制品总量的 50% 以上
Hafervollkorn-	全麦燕麦面包	燕麦全麦制品占 20% 以上，全麦制品占总量的 90% 以上
Weizenschrot-	粗粒小麦面包	粗粒小麦粉占 90% 以上
Roggenschrot-	粗粒黑麦面包	粗粒黑麦粉占 90% 以上
Schrot-	粗粒面包	粗粒小麦粉和粗粒黑麦粉的总量占 90% 以上
Weizenroggenschrot-	小麦黑麦粗粒面包	粗粒面粉中，粗粒小麦粉占 50% 以上
Roggenweizenschrot-	黑麦小麦粗粒面包	粗粒面粉中，粗粒黑麦粉占 50% 以上
Pumpernickel	粗黑麦面包	粗粒黑麦和粗磨的黑麦全麦粉的总量占 90%
Misch-	混合面包	多种谷物的混合面包，有时以占比较多的谷物命名
Toast-	吐司	小麦粉占 90% 以上
Dinkel-	斯佩尔特小麦面包	斯佩尔特小麦占 90% 以上
Triticale-	黑小麦面包	黑小麦（小麦和黑麦的杂交种）占 90% 以上
Mehrkorn-	杂粮面包	最少使用 3 种谷物，其中 1 种是面包用谷物，1 种是其他谷物，且每种谷物的用量占总量的 5% 以上
Rosinen-	葡萄干面包	100kg 的谷物粉要加入至少 15kg 的葡萄干
Milch-	牛奶面包	100kg 的谷物粉要加入至少 50L 的牛奶
Buttermilch-	酪乳面包	100kg 的谷物粉要加入至少 15L 的酪乳

※ 用亚麻籽、瓜子仁、南瓜籽、芝麻、核桃、榛子等坚果的名字为面包命名时，100kg 谷物粉中至少要加入 8kg 用于命名的坚果。

根据面包形状将面包分类

名称	中文名	形状
Rund-	圆形面包	圆形
Lang-	椭圆形面包	椭圆形
Stangen- -stange	棒状面包	棒状
Ring-	环形面包	环形
Rosen-	玫瑰形面包	像刚绽放的玫瑰的形状
Zopf- -zopf	辫子面包	辫子形
Fladen- -fladen	圆片面包	扁平的圆形

因为德国人的健康意识很强，所以德国有很多面包获得了有机认证。图上的 Bio 就是有机标志。

早餐时吃的小型面包（Brotchen）在使用德语地区的名称

名称	使用此名称的地区	形状
Brötchen	弗兰肯地区以北全境	椭圆、圆形
Brötli	瑞士	椭圆、圆形
Brötla	瑞士	椭圆、圆形
Kaiser(brötchen)	波美拉尼亚北部、勃兰登堡北部和东部、图林根南部、巴伐利亚和奥地利的部分地区	圆形
Rundstück	石勒苏益格－荷尔斯泰因、汉堡、下萨克森的部分地区	圆形
Semme(r)l	巴伐利亚、萨克森、图林根、奥地利	椭圆、圆形
Weck	莱茵黑森、黑森南部、普法尔茨、巴登－符腾堡北部	椭圆、圆形
Weck(er)le	巴登－符腾堡	椭圆、圆形
Weckerl	奥地利的部分地区	椭圆、圆形
Weggli	德国和瑞士的国境附近	椭圆、圆形
Schrippe	柏林、勃兰登堡	椭圆、圆形
Laabla	弗兰肯的部分地区	椭圆、圆形
Mütschli	瑞士	椭圆、圆形
Kipf	弗兰肯地区	椭圆

参考：Atlas zur deutschen Alltagssprache、其他

德国面包的材料

制作面包的材料主要有小麦粉等谷物、酵母和酸种等膨胀剂、盐和液体。为了给面包提味或使其更有特色，有时还会加上种子类和香料等。

谷物

制作面包的主要材料。传统德式面包一般使用的是小麦和黑麦。谷物的研磨方式有很多种，可以根据想做的面包选择合适的面粉，不过，德国的面粉是根据矿物质含量分类的，谷物的研磨程度也会体现在名称上，Schrot指粗磨，Mehl指细磨，Grieß和Dunst指中磨。

除了小麦和黑麦，德国面包也会使用斯佩尔特小麦、大麦、燕麦等谷物，还有玉米、荞麦、土豆等碳水类原料，所以德国面包的种类才会如此丰富。

小麦（Weizen）

提到面包用谷物，大家最先想到的肯定是小麦，因为小麦富含麸质，很适合用来制作面包。小麦粉加水后揉成面团，这时麸质能起到保水的作用，而且麸质能让面团更有弹性，这样发酵时产生的气体就不会消失，烤出的面包会更松软。有的面包仅使用小麦一种谷物，有的面包中会加入黑麦等只含有少量麸质的谷物。

德国有很多种小麦粉，比如家庭烘焙常用的405号、面包店常用的550号，还有不太常用的812号和1050号等。

最常见的细磨小麦粉。

黑麦（Roggen）

黑麦的最大特征是它的颜色和味道。它的种皮呈浅绿色，剥开后颜色比小麦深。在德国，最常用的是黑麦全麦粉。黑麦几乎不含麸质，所以一般是跟小麦一起使用。黑麦含有一种特殊的纤维质，这是它拥有独特风味的原因。

德国的黑麦分为全麦型、粗磨型和面粉型这3类，粗磨型的编号是1800号。

斯佩尔特小麦（Dinkel）（P55）

斯佩尔特小麦是一种历史悠久的谷物。它是普通小麦的原种，但外皮比普通小麦坚硬。斯佩尔特小麦本来是德国南部的常见谷物，但现在德国各地都会食用它。斯佩尔特小麦富含矿物质，而且味道香醇，在德国很受欢迎。生长过程中一般不用使用农药，这也是它受欢迎的原因之一。

德国的斯佩尔特小麦分为全麦型、粗磨型和面粉型这3类。

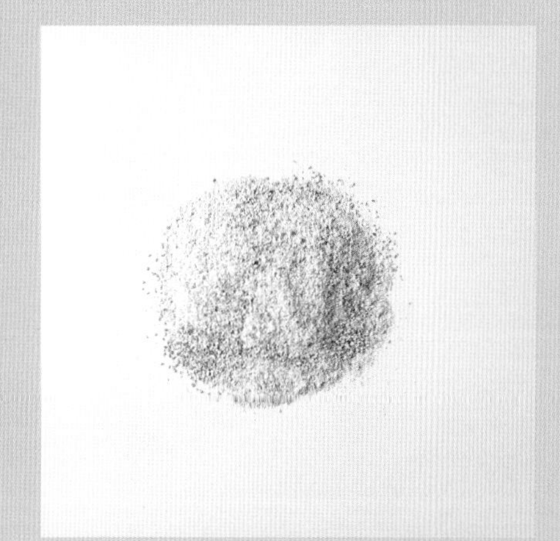

小麦全麦粉。颜色跟普通的小麦粉有点区别。

燕麦（Hafer）

燕麦片是很常见的食物。燕麦植株的外形很独特，长出的麦穗是成对的。在欧洲种植的谷物中，燕麦的蛋白质含量是最高的，它不含麸质，所以一般会跟小麦一起使用。燕麦加工成的麦片，不但可以加进面团里，还可以撒在面团表面当装饰。

德国的燕麦分为整颗、片状（麦片）和燕麦麸皮这3种，每种都能在一般的超市里买到。

细磨的黑麦粉。

大麦（Gerste）

大麦是麦香味最浓的谷物。制作面包用的是经过改良的裸麦，一般会跟小麦一起使用。

德国的大麦分为全麦型、粗磨型、麦粒型和面粉型这4种，前3种很常见，面粉型相对少见。

黄米（Hirse）

加了黄米的面包质地较硬。它不含麸质，一般作为辅助材料使用。

德国的黄米一般是未加工的粒状。

荞麦（Buchweizen）

荞麦带有些许苦味，用它做出的面包味道很特别。荞麦粒跟小麦很像，但严格来说，荞麦是蓼科植物。荞麦只含少量麸质，一般跟小麦一起使用。

德国的荞麦分为全麦型、粗磨型、麦粒型和面粉型这4种。

粗磨的黑麦粉。

玉米粉（Mais）

不含麸质的食材。用它做出的面包不会膨胀，而且比较重，十分适合对麸质过敏的人食用。不过，它一般会跟小麦一起使用。

德国的玉米粉一般分为细粉和大粒粗粉。

土豆（Kartoffel）

在德国，土豆跟面包一样，都是必不可少的食物。土豆不仅可以直接用来制作料理，还可以用来做面包。加了

谷物名	中文
Weizen	小麦
Roggen	黑麦
Hafer	野燕麦
Gerste	大麦
Mais	玉米粉
Reis	大米
Hirse	黄米
Emmer	二粒小麦
Dinkel	斯佩尔特小麦
Buchweizen	荞麦
Quinoa	藜麦
Triticale	黑小麦
Einkorn	一粒小麦
Amaranth	千穗谷

德国面粉的主要类型

德国的小麦粉和黑麦粉因矿物质含量的不同而被分成了不同类型，每种类型有特定的编号。编号大的面粉，研磨时掺入的外皮较多，这意味着里面含有更多的矿物质和纤维质等营养元素，同时面粉颜色也比较深。

小麦粉和黑麦粉的编号一般有以下几种。

小麦粉……405、550、812、1050、1700 等

黑麦粉……815、997、1150、1370、1800 等

完全去除外皮后研磨成的黑麦粉。颜色比较浅。

历史悠久的斯佩尔特小麦粉。

材料名	中文
Weizenkeim	小麦胚芽
Soja	大豆
Kleie	麸皮
Milch	牛奶
Joghurt	酸奶
Buttermilch	酪乳
Butter	黄油
Salz	盐

土豆的面包口感湿润，而且保存时间很长。制作面包时，一般是先做成土豆泥，再加入面团里。

除了块状酸种，还有粉末状的酸种。

膨松剂

谷物跟水混合，只能做出黏黏的面团，要想做成面包，还需要加入膨松剂。制作面包时最常用的膨松剂是酵母和酸种。下面就给大家介绍这些膨松剂的特点。

酵母（Hefe）

酵母是一种微生物，它能促进面团发酵。酵母一般分为鲜酵母和干酵母。

粉状的干酵母可以直接跟面粉混合，使用起来很方便。鲜酵母则要捏碎后用温水、凉水或牛奶等溶解后再使用。德国有做成块状的鲜酵母（42g），在一般的超市就能买到。

酵母适合用于制作小麦粉跟斯佩尔特小麦粉，或小麦粉跟黑麦粉的混合面包。脂肪量较高的面包和全麦面包，需要加很多酵母。

超市里销售的鲜酵母。它一般跟黄油和酸奶等乳制品摆在一起。

酸种（Sauerteig）

酸种是带酸味的面团，一般用于制作黑麦面包。将酸种跟面团混合，里面的菌群会产生二氧化碳，让面团膨胀起来。酸种的最大特点是应用范围广，用它可以制作各种面包。

酸种有一种独特的酸味和香味，能让面包味道更香醇，保存时间也会延长。不过，酸种面包的发酵时间很长，比用酵母制作面包更费时间和精力，所以通常会将酸种和酵母混合使用。

酸种有很多不同的类型，而且可以自己制作。很多面包店为了做出特色面包，都会自己创造不同的酸种配方。

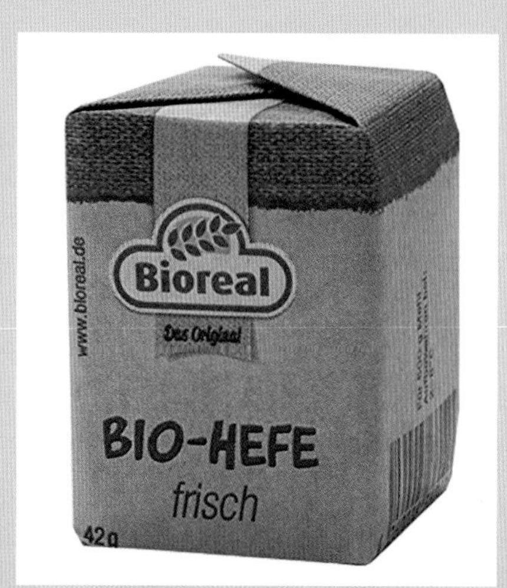

德国还有有机鲜酵母。

种子、坚果、香料

加了种子、坚果或香料的面包，不但外形多变，味道也更有特色。下面就介绍一下制作面包时常用的种子、坚果和香料。

瓜子仁（Sonnenblumenkern）

瓜子仁是制作面包时的常用材料，用它做出的面包口感很好。制作时可以直接加进面团里，也可以撒在面包表面。

南瓜籽（Kürbiskern）

南瓜籽是绿色的，用它制作面包时，可以切碎后加进面团里，也可以撒在面包表面。

茴芹（Anis）

茴芹的味道非常独特，苦中带些甜。它是德国南部常用的香料。

葛缕子（Kummel）

带有些许甜味和苦味，整体味道很清新。可以直接加到面团里，也可以撒在表面做装饰。

芫荽子（Koriander）

芫荽子味道微甜且清爽，还有一股特殊的香味。一般是碾碎或磨成粉末后使用。

混合香料（Gewurzmischung、Brotgewurz）

在德国很常见的混合香料主要有2种类型，一种是混入面团里的，一种是撒到做好的面包上直接食用的。

营养丰富的奇亚籽。

口感很棒的瓜子仁，能给面包增色不少。

葛缕子是德国最常用的香料之一。

种子、坚果、香料名	中文
Leinsamen	亚麻籽
Sonnenblumenkern	瓜子仁
Kürbiskern	南瓜籽
Sesam	芝麻
Walnuss	核桃
Haselnuss	榛子
Rosinen	葡萄干
Anis	茴芹
Piment	多香果
Kümmel	葛缕子
Koriander	芫荽子
Fenchel	小茴香
Dill	莳萝
Gewürzmischung、Brotgewürz	混合香料

德国常见的香料、香草分布图

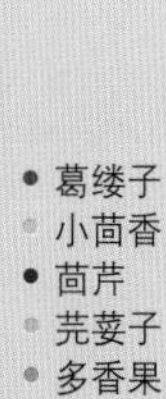

将几种香料掺到一起的混合香料。图上的是用于混入面团里的香料。

发酵面包用的发酵篮，有圆形和椭圆形 2 种。它不但可以用来发酵，还可以用来给面包造型。

制作凯撒面包（P98）用的压花工具。

面包的地域特征·1

德国北部的面包和饮食习惯

德国北部气候寒冷，人们最常吃的是黑麦制成的面包，除了种植黑麦，这片地区还栽培荞麦。近几年，无麸质饮食越来越受瞩目，荞麦也渐渐成为制作面包的材料。

德国北部与丹麦接壤，主要包括最北端的石勒苏益格－荷尔斯泰因州、自由汉萨城市不莱梅、拥有德国最大贸易港的汉堡和下萨克森州以北的地区。石勒苏益格－荷尔斯泰因州有被列为世界文化遗产的汉萨同盟城市吕贝克。不莱梅则因格林童话《不莱梅的音乐家》而闻名于世。

这些地区的面包大部分是用黑麦制成的，基本都隶属于黑面包（Schwarzbrot）（P42）（比如：Holsteiner Schwarzbrot、Hamburger Schwarzbrot、Friesisches Schwarzbrot、Bremer Schwarzbrot、Oldenburger Schwarzbrot）。下萨克森州的黑麦栽培面积位列全国第二，这是北方人爱吃黑麦的主要原因。

下萨克森的汉诺威和吕纳堡地区，有一款独一无二的德式焦面面包（P37）。它的做法非常特别，烘烤前要用直火将表面烤焦。那里的人们也经常食用黄油蛋糕（P175）和丹麦面包。

荷尔斯泰因地区和吕纳堡周边是沙质土壤，只能种植荞麦，这种情况在德国非常少见。最近几年，因为无麸质饮食的普及，用荞麦制作的食物渐渐增多。当地有种用荞麦粉做成的团子十分有名。

德国北部沿海地区，渔业非常发达，盛产鳕鱼、鲱鱼、比目鱼和虾等海鲜。醋渍鲱鱼和烟熏鳗鱼，是当地很常见的料理。鳗鱼也可以用来做汤，不过，在汉堡的名菜鳗鱼汤里，其实并没有鳗鱼，而是在肉汤里加了几种蔬菜、果干和香草。汉堡还

北部地区最常见的是用黑麦制成的德式黑面包。

有一个名叫Labskaus的著名料理，由土豆、肉和豆子做成，原本是船员们航海时吃的食物。

德国北部地处平原，畜牧业很发达，人们常吃肉类和乳制品。当地有种名叫Eintopf的特色菜，是用蔬菜和肉等食材炖煮而成的，北部地区还有种经典炖菜Steckruben，是用洋梨、扁豆和培根一起炖煮而成的。

德国北部有一款季节性料理，是用羽衣甘蓝和香肠做成的，一般是在冬季食用。当地最出名的甜点是红莓果麦糊。北方城市吕贝克还是著名杏仁蛋白软糖的产地。

北方的弗里斯兰地区有着独特的红茶文化，无论是茶的种类还是喝法，都非常与众不同。除了红茶，德国北部的人也会喝咖啡，特别是北部沿海地区，他们会在咖啡里加入朗姆酒和奶油。至于啤酒，当地最常见的主要是皮尔森啤酒。

吕贝克的特产杏仁蛋白软糖。它已经被认证为地理标志保护产品，最近还推出了很多新口味。

德国北部的著名甜点——红莓果麦糊。跟鲜奶油或香草冰激凌搭配食用，会更美味。

© GNTB/Jörg Modrow

德国最大的港口城市汉堡，图片上是仓库街和运河。这里也被认证为世界遗产。

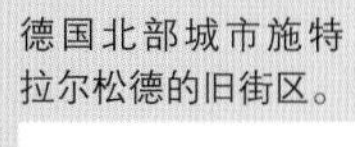

德国北部城市施特拉尔松德的旧街区。

© GNTB/Hansestadt Stralsund

© GNTB/Krüger, Torsten

格林童话《不莱梅的音乐家》的雕塑。它位于不莱梅的市政中心附近。

面包的地域特征·2

德国东部的面包和饮食习惯

首都柏林地属德国东部，这片区域有很多种特色面包。整个东部的气候跟北部差不多，都比较寒冷，所以黑麦面包仍是主流，最近在日本很受欢迎的史多伦面包也是东部地区的名产。

东部是德国的核心区域，主要包括首都柏林、梅克伦堡-前波莫瑞州、勃兰登堡州、萨克森州、萨克森-安哈特州、图林根州等。勃兰登堡州的首府是历史上著名的城市波茨坦。萨克森州的城市德累斯顿是史多伦的发源地，城市迈森又以陶器闻名于世。

说起德国东部的面包，人们最先想到的一定是发源于首都柏林的柏林乡村面包（P24）、柏林炸面包（P166），还有简单美味的小型面包——鞋匠餐包等。另外，东部的图林根州有著名的图林根硬皮面包和图林根土豆面包。

东部跟北部一样，气候都比较寒冷，所以很适合种植黑麦。勃兰登堡州的黑麦种植面积位列德国第一。当地有东德时期遗留下的用黑麦和酸种做成的面包和麦芽面包（P60）等特色面包。

东德时期，东部地区开始流行东欧料理。比如加了腌卷心菜和腌黄瓜的杂拌汤和匈牙利的炒甜椒等，勃兰登堡州施普雷瓦尔德地区的腌黄瓜也非常有名。

梅克伦堡州和勃兰登堡州境内有大片的河流与湖泊，盛产鳟鱼、梭鱼、鲈鱼等淡水鱼。当地人还喜欢吃鲤鱼，他们会将洋葱和鲤鱼一起炖，这也是当地的圣诞料理之一。

东部比较有名的肉类料理有图林根烤香肠、柏林炖猪肘、柏林咖喱香肠、德式肉丸等。柏林、勃兰登堡和梅克伦堡受东

首都柏林的特色乡村面包。

普鲁士文化的影响较深，当地流行一种起源于东普鲁士柯尼斯堡的丸子，他们会配上白酱和酸豆食用。

梅克伦堡和波美拉尼亚地区还致力于栽培富含维生素C的沙棘，当地人会用沙棘制作果汁、果酱、利口酒和甜点等。

在日本耳熟能详的年轮蛋糕，发源地就在萨克森-安哈特州的萨尔茨韦德尔镇。勃兰登堡也是一个以甜点闻名遐迩的地方。德累斯顿临近奥地利，因此，有很浓厚的咖啡文化，当地还有很多搭配咖啡的特色甜点，当然，德累斯顿最出名的还是史多伦面包（P136）。

柏林的特色菜咖喱香肠。吃的时候要淋上番茄酱，撒上咖喱粉。

位于波茨坦的无忧宫，它是普鲁士国王腓特烈二世下令建造的。在1982年被认证为世界文化遗产。

曾经分隔东西两德的勃兰登堡门和特色观光的士。

德累斯顿的旧街区，图中是圣母教堂。

萨克森和图林根的特色甜点——鸡蛋布丁蛋糕。

面包的地域特征·3

德国西部的面包和饮食习惯

西部地区最常见的是黑麦面包，比如最具代表性的粗黑麦面包。西部紧邻法国的阿尔萨斯，两地饮食习惯有很多共通之处。德国西部不但盛产大型面包，还有各式各样的小型面包。

德国西部包括下萨克森州南部、北莱茵－威斯特法伦州、黑森州、莱茵兰－普法尔茨州和萨尔兰州。北莱茵·威斯特法伦州位于莱茵河流域，这里有德国第一大工业区鲁尔区和科隆、杜塞尔多夫等城市。黑森州有著名的金融城市法兰克福。莱茵兰－普法尔茨州和萨尔兰州都与法国接壤。

西部地区最具代表性的面包，是起源于威斯特法伦的粗黑麦面包（P46）。它主要用黑麦制成，味道非常浓厚。其他有名的面包以及威斯特法伦无糖面包（P45）、帕德博恩面包、瓦尔堡乡村面包等，它们都是用黑麦制成的。起源于莱茵兰地区的莱茵黑面包（P44），也是当地的传统面包之一。德国西部有一种名叫半只鸡的有趣料理，它并不是用鸡肉制成的，而是用小型黑麦面包配上奶酪制成。

黑森州最常见的是黑森农夫面包和用黑麦面团制成的德式薄皮披萨。黑森州和莱茵兰－普法尔茨州还有一种外形独特的小型面包，它是将两个小圆面团粘在一起后烘烤而成，当地人称之为双圆面包。

莱茵兰－普法尔茨州和萨尔兰州也有些特色面包，比如莱茵黑森红酒庄园面包、普法尔茨硬皮面包、摩泽尔小麦混合面包等。

莱茵兰地区紧邻荷兰和比利时，饮食习惯跟这两个国家有相似之处，比如都爱吃华夫饼和海虹。威斯特法伦有一种起源于中世纪的火腿，味道非常独特。

德国西部和威斯特法伦地区最具代表性的粗黑麦面包。

位置偏南的黑森州盛产苹果酒。还有蘸醋吃的手工奶酪、熏香肠、肉糜肠等特色食物。法兰克福比较有名的特产是香肠和皇冠蛋糕。

黑森、普法尔茨、巴伐利亚、巴登四个州的地区，都有一种名叫樱桃布丁的知名甜点。它的具体做法是将陈面包跟牛奶、鸡蛋、砂糖、黄油揉到一起，再放上酸樱桃一起烘烤。

莱茵兰－普法尔茨州跟法国的阿尔萨斯相隔不远，两地的饮食文化有很多类似的地方，其中最具代表性的就是两地的人们都喜欢食用火焰饼（P78），除此之外，莱茵河流域还是著名的红酒产地。

位于法兰克福旧街区的罗马广场，图片中右侧是热闹的圣诞市集。

著名的红酒产地莱茵高和吕德斯海姆，图片上是当地的葡萄园。

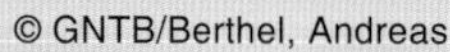

黑森北部的几种特色香肠。

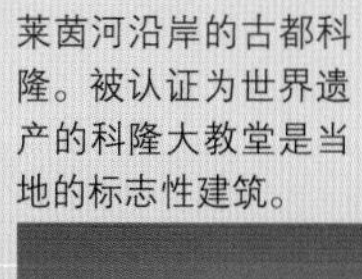

莱茵河沿岸的古都科隆。被认证为世界遗产的科隆大教堂是当地的标志性建筑。

法兰克福的特产苹果酒，杯子也是喝苹果酒专用。

面包的地域特征·4

德国南部的面包和饮食习惯

德国南部在饮食习惯上与其他地区的最大区别是有很多用小麦制成的面包。其中最具代表性的就是大家耳熟能详的扭结面包。除此之外，南部还有很多用古代小麦或斯佩尔特小麦制成的面包。

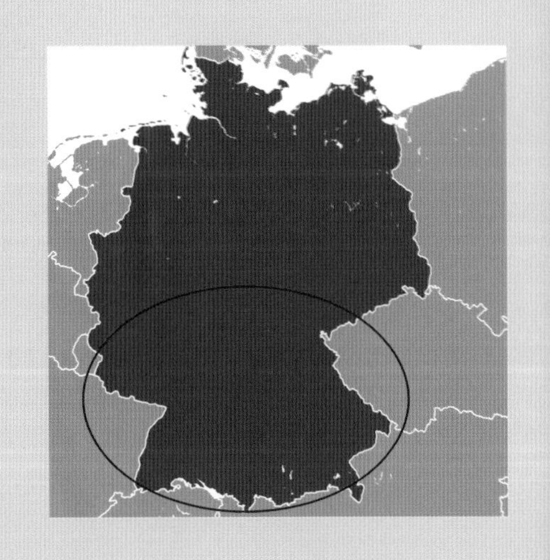

德国南部面向阿尔卑斯山脉，这一片乳畜业非常发达，南部主要包括巴伐利亚和巴登-符腾堡这两个州。巴伐利亚是德国面积最大的州，它的首府是慕尼黑。巴登-符腾堡州的首府是工业城市斯图加特。整个南部有很多著名的观光地，比如闻名遐迩的黑森林等。

德国南部的面包跟其他地区有很大的不同。其他地区最常见的是黑麦面包，而南部有着种类繁多的小麦面包，其中最有名的当属扭结面包（P84）。扭结面包有很强的地域性，不同地区的扭结面包，外形和做法都有很大区别。吃的时候做一下对比，应该是件很有趣的事。

慕尼黑有一款历史悠久的传统面包——慕尼黑灰面包。巴伐利亚地区的人会在正餐之间吃一种以面包为主的轻食，他们称之为面包时间（P28）。

弗兰肯地区有一种黑麦面包，味道很特别。巴登和施瓦本地区也有几款知名面包，分别是德式湿面包（P35）和德式软面包（P34），它们的做法也非常独特。南部地区盛产斯佩尔特小麦，所以斯佩尔特小麦面包（P50）在当地也很常见。

巴伐利亚州紧邻奥地利和捷克，与两地饮食习惯共通。人们都喜欢吃淀粉类料理，比如用面粉、陈面包和土豆等做成的丸子，还有看起来很像肉包子的德式蒸面包。阿尔卑斯山附近乳畜业发达，那里出产的奶酪品质都很不错。

形状和做法都很多变的扭结面包。对于南部的人来说，它是必不可少的食物。

德国南部比较有名的肉类料理有德式烤猪肘、德式烘肉卷和巴伐利亚白香肠等。

德国三分之一的啤酒厂都坐落在巴伐利亚州，当地有着很浓厚的啤酒文化。巴伐利亚州生产的啤酒种类丰富，最具代表性的有德式白啤、荷拉斯啤酒和三月啤酒等。弗兰肯和巴登地区则是著名的红酒产区。

施瓦本地区也很流行淀粉类料理，比如用鸡蛋和面做成的德式面疙瘩、在面里包上蔬菜和肉的德式菠菜饺子等。甜品方面，以黑森林蛋糕最为出名，它是用巧克力味的蛋糕坯配上加了樱桃酒的奶油制成的。

巴伐利亚地区的名菜德式烤猪肘。

施瓦本地区的名菜德式菠菜饺子。

施瓦本地区的名菜德式面疙瘩。上面放着炸得脆脆的洋葱。

慕尼黑市政厅。塔楼上的钟表每天都会报时，前来参观的人络绎不绝。

巴伐利亚南部的高天鹅堡和阿尔普湖，景色非常美。

德国面包与一日三餐

德国面包不但种类丰富，消耗量也非常大。那么，日常生活中，德国人是怎样吃面包的呢？下面我就以他们的一日三餐为中心，为大家介绍德国独有的饮食文化。

比较典型的德式冷餐。一般是面包配上火腿、香肠等肉类，还有很多蔬菜水果，营养非常丰富。有时还会配上红酒。

早餐吃面包或麦片，中午吃现做的温热食物，晚上吃冷餐这是德国人最典型的一日三餐。冷餐以面包为主，再配上火腿、香肠、奶酪和沙拉等无须加热的食物。德国人晚上一般不会吃很多。

早餐以面包为主，十分丰盛

德国人一般起得很早。学校和医院通常8点开门，面包店则是从7点就开始营业了。以前，很多人都会早起到附近的面包店买面包（早餐用小型面包），然后带回家吃，不过，现在已经很少有人这么做了。如今，人们一般在出门时顺路到附近的面包店买好面包和咖啡，有些人会在店里吃完，有些人则带到公司食用。刚出炉的面包非常美味，能让人爱上吃早餐这件事。虽然吃早餐的形式有些变化，但德国人的早餐还是以小型面包为主。

德式早餐很少有温热的食物，基本就只有水煮蛋一种。将半熟的蛋放到蛋架上，用勺子等工具轻轻敲打蛋壳上部，敲出裂缝后用手剥开部分蛋壳，然后用勺子舀着吃，时间充裕时，人们还会在面包上涂黄油、奶油奶酪、果酱、蜂蜜等各种抹酱，然后跟香肠和奶酪等一起食用。

德国宾馆的早餐非常丰盛。除了常见的各种小型面包，还有火腿、香肠、奶酪等配菜。

加餐的一种。通常是用塑料饭盒装着三明治、水果等，图上还有一个巧克力零食。

早餐和午餐之间有加餐甜点

德国人一般到下午一点才吃午餐，跟早餐间隔时间很长，不过，10点左右有个休息时间，人们通常会在这时吃一些面包充饥。这些面包被称为间食面包。有些人会用塑料饭盒装三明治和水果等带到公司吃。

午餐是德国人一天中吃得最丰盛的一餐。以前很多人中午会回家吃饭，但现在这种情况已经非常少见了，人们通常会自己带或是到公司食堂吃。大学的食堂也会提供丰

食材丰富的浓汤配上黑麦面包，让人非常满足的一餐。

盛的热菜。温热的料理一般不会配面包。到了周五，信奉天主教的人有吃鱼的习惯，很多食堂都会提供鱼类食物。除了普通的热菜，午餐时喜欢吃松饼等甜食的也大有人在。

晚餐非常简单，一般用刀叉进食

德国人基本不加班，下班了就直接回家。德国的下班时间通常是5点，人们吃晚餐的时间一般在7~8点。德国人晚上倾向于吃简单的冷餐。不过，现代人的饮食习惯渐渐多元化，晚餐时吃热菜的人也不在少数。

冷餐是比较传统的吃法，如今依然保留得很好，特别是单身人士，准备点面包和配菜就能快速搞定一餐，省时省力。

面包是德式晚餐必不可少的食物，但跟早餐有所不同，晚餐一般吃大型面包。在盘中放一片切好的面包，摆上自己爱吃的配菜，然后用刀叉进食，是比较典型的吃法。

前菜里也有面包。右边碗里是用粗黑麦面包（P46）做成的前菜，具体做法是，将粗黑麦面包切成薄片，夹上奶酪，再切成一口大小。在德国，用粗黑麦面包制成的前菜很常见。

市中心咖啡馆提供的简餐，左侧是切片面包，右侧是奶酪拼盘。

三明治是最方便的加餐食物，德国人有时会自己制作，有时也会买现成的。

圣诞市集上的面包小吃摊。切成片状的面包上摆着各种各样的配菜。

搭配德国面包的食材

面包在德国是非常重要的主食，德国面包有很多种吃法，既可以单吃，也可以跟其他配菜一起食用。德国人一般会用什么样的食材搭配面包呢？下面就给大家介绍一下。

德国的自助餐会提供多种多样的香肠和火腿，让人眼花缭乱，真不愧是肉类加工品大国。

在德国，能跟面包一起吃的食材很多，大致可以分为咸味和甜味两大类。咸味的有肉类加工品、奶酪、蔬菜、鸡蛋等。甜味的有果酱、蜂蜜、甜菜糖浆、巧克力、坚果酱等。这样列起来好像并不是很多，但实际上，刚才列举的每一种食材都分别有更细的分类。

咸味食材和甜味食材

咸味食材中肉类加工品十分常见，德国每家肉店都有各式各样的香肠和火腿，它们的外形和口味各不相同，但都跟面包很搭。德国是世界上少数几个生产奶酪的国家之一。德国奶酪不仅产量大，整个国家的奶酪消耗量也很大。德国人最常吃的夸克奶酪，它的口感很像沥干水分的酸奶，既可以直接食用，也可以做成料理或涂到面包上。

德国超市货架上摆满了奶酪。

搭配面包时，德国人最常吃的甜味食材是果酱。市面上销售的果酱有很多种，每种都能吃出水果本身的甜味或酸味，这是德国果酱的一大特色。莓果在德国很常见，在路边随便摘一些，可以拿回家直接吃，或是做成果酱。还有人会购买应季水果做成果酱储存。德国销售的果酱包装上如果有Extra的标志，说明它的果肉含量比较高。

在德国很常见的夸克奶酪，这款奶酪里放了香草，可以直接用蔬菜蘸着吃。

除了果酱，还有很多可以涂到面包上吃的抹酱。德国有很多素食主义者，针对这类人群，德国推出了蔬菜抹酱和用甜菜做成的糖浆。抹酱和甜菜糖浆不但能涂到面包上吃，还可以直接用来制作面包。最近，新增了一些甜菜糖浆的种类，除了原味，还出现了苹果、洋梨等水果口味。

德国人很喜欢吃蜂蜜，所以蜂蜜也是配面包的常见食材之一。德国人对蜂蜜品质要求也很高，上市的产品都要经过严格的质检，这样人们才能放心食用。德国蜂蜜的种类也有很多，不同蜂蜜的色、香、味有很大区别。根据面包种类搭配相应的蜂蜜，是件很有趣的事。

搭配食用的食材范围扩大，那么黄油、盐、混合香料等也是面包的好搭挡，面包跟这些食材搭配，味道似乎很单调，却让人百吃不厌。混合香料可以直接混入面团里，也可以撒在做好的面包上食用。混合香料里最常用的是茴芹、小茴香籽、葛缕子和芫荽子等。用混合香料制作面包，余下的香料还可以用来做其他料理，非常方便。

德国盛产水果，所以市面上销售的果酱也有很多种。

黑麦面包要搭配味道浓郁的食材

看了上面的食材介绍，很多人可能会觉得眼花缭乱。其实，每个人都可以根据自己的喜好选择相应的食材。但有一条准则需要大家牢记。

德国的面包基本都加了黑麦。给面包搭配食材时，黑麦比例高的面包，要配上味道浓郁的食材，因为黑麦面包较酸，只有味道浓郁的配菜才能凸显它的美味，相反，如果是口感柔和的白面包，就要搭配味道淡的食材，否则面包的香味就会被配菜掩盖。略带酸味的黑麦面包跟甜味食材很搭，如果配上酸味的水果或果酱，味道就冲突了。

白面包适合搭配蔬菜和奶酪这些味道柔和的食材。根据面包搭配食材，或根据食材选择面包，这种挑选和搭配食材的过程，也是享用面包的乐趣之一。

素食主义者也可以食用的番茄抹酱和两种甜菜糖浆。

图上是面包的三种吃法，第一种是只涂了黄油，第二种涂上黄油后再撒上混合香料，第三种涂了黄油和果酱。图中的木板被称为早餐板，专门用来放置面包。

各式各样的蜂蜜。从左到右分别是百花蜂蜜、合欢蜂蜜和黑森蜂蜜。

调和好的混合香料。

德国面包的保存方法和切法

虽然买到了品质很好的面包，但如果不知道保存方法和切法，也无法真正享受到它的美味。下面就介绍一些相关的小知识，希望大家时刻都能吃到美味的面包。

仅保存几天的面包，可以直接用原来的纸袋或烘焙用纸裹好。

如果向德国人请教面包的保存方法，他们一定会说“用纸包起来”，据说，这是因为他们认为面包也是会呼吸的，所以不能用保鲜膜这类密封性的材料包裹。如果环境比较潮湿，面包中的水分不易在接触到空气后流失，只要不切开，就算直接放在买面包时的纸袋里，放置一段时间后口感也不会发生太大变化。一定要经常打开观察，防止面包发霉。

可以用烘焙用纸代替纸袋，将面包包起来。

陶瓷的面包保存容器。颜色和形状都很复古，让人百看不厌。

放到容器或冰箱里保存

将面包放进容器里，也是德国家庭常用的保存方法之一。在德国市面上可以买到专门用来储存面包的容器，而且有很多种。比如盖子可以滑动的木制面包箱，或是像瓦罐一样带盖子的容器。不同材质的容器，保湿性能也有所不同，买之前最好先了解各个容器材质的特性。

陶瓷的面包保存容器。有不同的大小和外形可供选择。

木制容器不易滋生细菌和霉菌，但透气性强，面包很容易变干。金属、珐琅或玻璃的容器，优点是耐用和方便清洗，但一定要注意使内外部空气流通，否则容易将面包闷坏。我推荐大家用陶制的容器，因为陶器既能透气，又有一定厚度，面包放在里面也不容易变干。除了上面提到的这些材质的容器，还有塑料等人工合成材质的容器，这些容器完全不透气，一般不能用来保存面包。

有着美丽刺绣的传统面包保存袋。为了防止老鼠偷吃，要挂到高处保存。

日本湿度较高，面包在常温下长时间保存容易发霉。最好的方法就是将面包放进冰箱里。一定不能冷藏，而是要冷冻保存。因为冷藏室比较干燥，放一段时间面包就会变得干巴巴。

冷冻过的面包，切起来很费劲，所以要提前处理，特别是大型面包，最好切成片状，然后分成几份，装进密封袋里冷冻。想吃的时候，可以提前拿出来，在常温下放置一晚，第二天早上就可以吃了。自然解冻的面包口感依然很好，不用再放进烤面包机里烘烤。

将大型面包切成片状，分成几份后放进密封袋里，再冷冻保存。

德国面包的切法

想好好享用和保存德国面包，切法也很关键。大型面包和小型面包有不同的切法，小型面包一般是横向切开，分成上下两部分，切好后可以直接拿起来吃，也可以夹上其他食材做成三明治。

切小型面包时，要将刀子插进中心位置，然后按住面包，慢慢将它切开。

像凯撒面包（P98）这样的小型面包，要从中间横向切开。

大型面包基本都要切成片状。切片的厚度要根据面包的硬度和密度而定。用黑麦制成的硬面包，要比小麦制成的软面包切得更薄一些。一般来说，切小麦制成的小型面包时，用普通的餐刀就可以了，但切黑麦面包或硬皮面包时，就必须用专门的面包刀。想要切出厚度均匀、整齐的面包片，一定要准备一把好的面包刀。

一般会将厚重的大型面包切成薄片。

在德国像宾馆这样的公共场合，一般会用布或餐巾将面包包起来，客人需要自己去切面包。这样做是为了防止面包变干和过度浪费。

这种场合，不能直接用手摸面包，而是要隔着布或餐巾按住面包，然后切下自己想吃的部分。

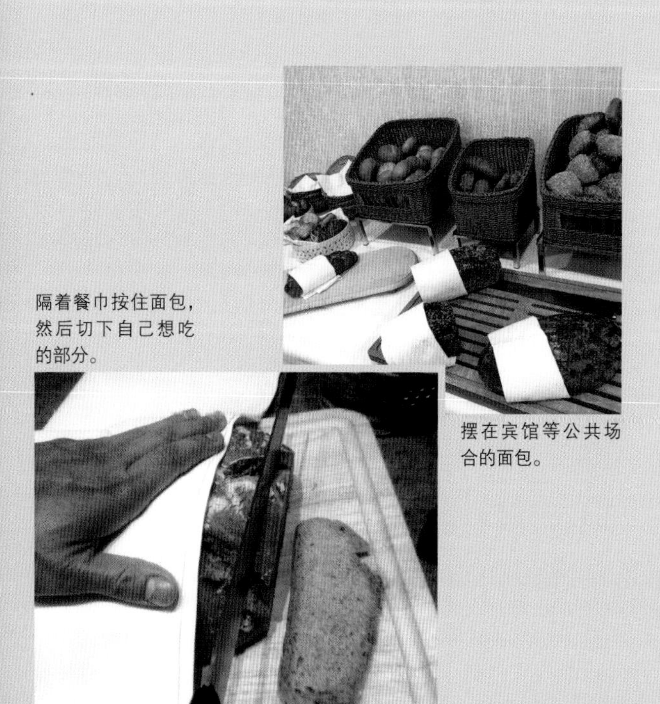

隔着餐巾按住面包，然后切下自己想吃的部分。

摆在宾馆等公共场合的面包。

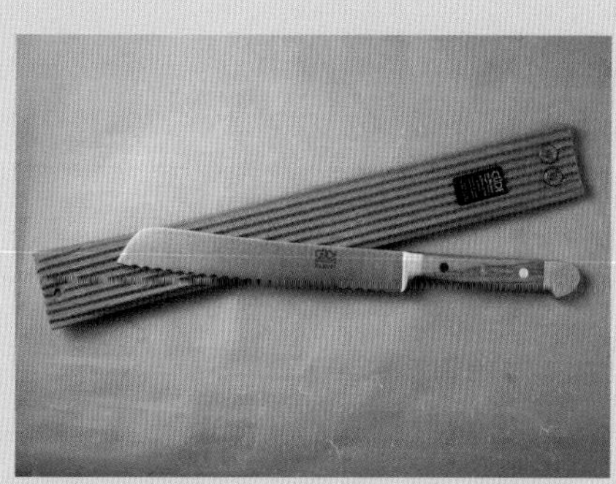

如果经常吃德国面包，最好准备一把面包专用刀。

德国的面包风景

德国是面包大国，那么德国人一般会在哪里买面包呢？其实，除了前文提到的面包店，还有很多能买到面包的地方。下面就为大家介绍一些德国人买面包的场所。

面包店上的招牌写着 Bäckerei。

面包店在德语中是Bäckerei。到了德国你就会发现，城市的街头巷尾遍布面包店。说到面包店，就不得不提到蛋糕店。蛋糕店在德国被称为Konditorei。

德国的蛋糕店（Konditorei），店里摆着很多蛋糕。

德国的面包店和蛋糕店

在日本，面包店和蛋糕店中会有一些相同的产品，但店铺间很容易区分，在德国却不是这样，德国的面包店和蛋糕店很难区分，实际上，有些面包师或糕点师会开一种名叫“Bäckerei · Konditorei”的混合型店铺。

为什么会出现这种情况呢？这是因为，面包和蛋糕有一个共通之处，就是都须用烤箱烘烤。书中有糕点面包这个章节，其中介绍的一部分面包，在日本人看来就是普通的糕点，而对德国人来说，它们既是甜面包，又是甜味糕点。

德国的蛋糕一般比较大，但味道不是很甜，绝对不会出现腻得吃不下的情况。

如果非要找出德国面包店和蛋糕店的区别，那就是面包店只会做用烤箱烘烤的热甜点，而冰甜点蛋糕店才会做。

德国蛋糕店的主要商品是加入鲜奶油或水果的蛋糕。有些店铺还会卖杏仁膏或巧克力，这两种甜点是特产和礼物的经典之选。

在德国，还可以上网买面包

可以买到面包的地方还有超市、市场、车站前的便利店和打折店等。在市场里，可以买小型面包和三明治，这跟市集上的面包小摊差不多。超市和车站前的便利店通常是连锁店。

科隆车站内的面包店。三明治摆放的位置很显眼。

在德国，大部分面包店是橱窗式的，买大型面包时，可以直接告诉店员想买的份量，店员就会帮顾客切好，不过，最近很多德国超市都引入了自助面包选购区。面包的品质自不必说，在买面包的同时，还可以顺便挑选其他食材，十分方便，而且价格又便宜。

随着时代的发展，德国的面包购入方式也发生了改变。近几年，很多面包店都开始接受网上订购，大型连锁店也纷纷开设网店，这种改变，让人在足不出户的情况下，随时能买到想吃的面包。但是，这种变化对小镇的传统面包店是一种挑战，很多小规模店铺将面临被淘汰的危机。

超市的面包展柜。这是可以自助购物的开放式柜台。

购物中心内的面包店。墙上写着“多吃点面包吧！（Esst Mehr Brot！）”的标语。

慕尼黑市区的面包店。招牌上写着柴窑面包（HOLZOFENBROT），下面还有有机认证的标志。

慕尼黑市区的面包店。外观传统的面包店内，销售传统的德式面包。在这里可以买到现在已经很少见的慕尼黑面包时间吃的小型面包。

便宜方便VS高品质，市场分化明显

德国仍然有以做出正宗面包为目标的年轻面包师，还有些店铺坚持创新，只做自己想做的面包。在网络浪潮的冲击之下，致力于提供高品质面包的店铺反而有所增加，从这个现象可以看出，德国的面包市场分化严重。

近几年，德国还涌现了很多针对喜好有机食物人群和素食主义者的面包店。

德国面包已经被认证为非物质文化遗产（P214）。由此，很多德国人也开始重新审视自己国家的面包文化。这几年，德国的烘焙书籍出版量大增，国营电视台也开始制作面包相关的节目，在这股热潮的推动下，德国传统面包有复兴的趋势。

现在，德国面包销量最大的是用小麦和黑麦制成的混合面包。据调查，德国人一年的人均面包消耗量已经达到46kg（2014年）。德国人在国外时，最想念的也是自己国家的面包。

不喜欢城市的面包店，自己搬到乡下，开始用石窑烤面包的老爷爷。“只烤自己想烤的面包，不加任何添加剂”，他这样说。

在柏林看到的有机烘焙咖啡馆。遮阳帘上印着用很多种语言写的“面包”。

德国的师傅制度

德国的教育系统对成为面包师的学习过程有一定的影响。

到小学4年级为止，德国的孩子们会接受统一的义务教育，但是，在这之后就要在升学和职业培训之间做选择。如果想成为面包师这种手工业者，在中学继续读5~6年后，就要开始为期3年的职业训练课程，这就是德国独有的双元制教育系统。双元制是指同时接受理论知识教育和实际的职业培训（作为见习生的学习过程）。3年后如果顺利通过考试，就能获得满师证书（Geselle），取得了满师证书，意味着成为了受到认可的手工从业者，之后可以根据自己的意愿，直接参加师傅考试，或开始游学之旅。

面包师的师傅考试为期6天。除了考察有关面包的理论知识和实际操作之外，还会考察面包师的经营能力、营销能力、法律知识和职业训练知识等。只有通过所有的考试，才能获得师傅证书（Meisterbrief）。成为师傅之后，就可以独立经营店铺，还可以收徒弟和雇佣员工。每个师傅都有专家、经营者和培养者三重身份。

德国的师傅制度涉及5个领域，面包师属于手工业这一领域。没有取得师傅证书，则不允许经营面包店铺。面包师傅在德国被称为Backermeister（女性为Bäckermeisterin）。

如今，师傅跟大学学士（Bachelor）地位相当，都处于欧盟资历架构的第6级。因为能力得到普遍认可，所以师傅在欧盟内找工作都比较容易。

在面包学校授课的师傅。

烘焙演示时的师傅。

为想成为面包师的年轻人提供信息的网站。里面有关于师傅考试的详细信息，还有求职信息。www.back-dir-deine-zukunft.de/

MEISTER BRIEF

Vor dem Meisterprüfungs-Ausschuß der Handwerkskammer Mannheim hat

Bernd Kütscher

geb. am 5. Juli 1968 in Niedermendig am heutigen Tage die Meisterprüfung im

Bäcker-

Handwerk bestanden und somit das Recht zur Führung des Meistertitels in diesem Handwerk erworben.

Mannheim, den 6. Juli 1990

Handwerkskammer Mannheim

面包师傅的合格证书——Meisterbrief。

德国面包的现状

跟其他产业一样，德国的面包产业也有流行趋势。最近，德国面包界最流行的关键词是健康。

慕尼黑一家专门制作和销售有机面包的店铺。店里的所有产品都有 Öko（环保、有机）的标志。

食品产业的流行趋势，也会反映到面包上。但在德国，到处都有卖面包或轻食的摊位或店铺，人们也习惯在外随手买些东西充饥。

传统德国面包的复兴

随着各产业的发展，人们日渐忙碌，在这种快节奏的环境下，人们在家做饭的机会就越来越少，这时，销售小型面包和糕点面包的小商家越来越多，这种速食的简餐，在日本被称为中食。

不过，这种销售德国传统面包的小摊渐渐受到美式快餐潮流的冲击。虽然美式汉堡里也有面包，但这种面包的口感和味道都跟传统德式面包有很大区别，实际上，现在德国的年轻一代已经渐渐习惯这种口感，反而很少买以黑麦为主的传统德国面包了。

很多德国人害怕传统面包文化没落，于是开始致力于传统德式面包的复兴。此时，一种新型店铺——烘焙咖啡馆的出现，推动了复兴运动的发展。烘焙咖啡馆提供用精品咖啡豆泡出的美味咖啡，还有用天然材料手工制作的面包和糕点，在德国很受欢迎。烘焙咖啡馆一般是由面包坊和咖啡馆合并而成的，或者是由咖啡馆向熟知的面包坊订货。无论是哪种形式，都能向人们提供美味的面包。近几年，日本也有类似的店铺出现，这种现象应该是发达国家的一种趋势。

有机和素食店铺销售的一种蔬菜干。包装上除了素食（VEGAN）的标志，还标明了不使用油脂。

无麸质饮食越来越受重视

最近，无麸质饮食成了食品业界最受瞩目的关键词之一。麸质是小麦等谷物中的一组蛋白质，它可以使面团膨胀，不过，很多人都对麸质过敏。

一款加了有机德式泡菜的面包，属于无麸质食品。包装左下方的白色圆环，就是无麸质食品的标志。

小麦中含有大量的麸质，因此，以小麦为主要谷物的面包，很难做到完全不含麸质。但德国面包中的主要谷物不只有小麦，还有黑麦、大麦、燕麦、斯佩尔特小麦等。只含少量麸质或完全不含麸质的面包，在德国也有很多。对于那些对麸质过敏或想尝试无麸质饮食的人来说，德国面包是一种很好的选择。

据调查，德国约有1%的人会对麸质过敏，这个群体比想象中要大很多。因此，无麸质饮食的市场也在渐渐扩大。除面包店以外，德国还出现了很多销售无麸质食品的店铺。

欧盟认证的有机标志。

崇尚有机的德国社会

除了无麸质饮食，有机食品也是当今的流行趋势之一，不过，在德国食用有机食品已经不再是一种趋势，而是已经成为人们日常生活中的习惯了。

从2000年开始，德国的有机产品消费量一直处于上升趋势。目前，德国市场上流通的有机食品已经达到7万多种，有机超市也已经遍布全国。德国有机超市销售的食材种类非常丰富，其中当然也包括面包。

德国政府认证的有机标志。欧盟的有机标志出现后，德国政府的有机标志险些消失，但目前很多食品两者都有。

在日本，提到有机食品，人们的第一反应是比较贵，但在德国却不是这样，德国的有机食品价格跟普通食品差不多，而且不用特意到专门的店铺采购，在普通超市就能买到。有机食品只是德国日常饮食的一部分，德国的有机食品比日本的有机食品更普遍、更易于普及。

分辨有机食品也很简单，所有的有机食品包装上都贴着欧盟认证、德国认证或专门机构认证的有机标志。看到这些标志，就可以安心购买。

最近，素食主义者（Vegatarian）和严格素食主义者（Vegan）人数逐年递增，据调查，德国有780万（占总人口的10%左右）素食主义者和90万（占总人口的1%左右）严格素食主义者（2015年）。像柏林这种大城市，会有专门的素食超市或市集。

德国的大型面包和小型面包里只含少量或完全不含鸡蛋和乳制品。像那些以酵母和酸种为原料制成的面包，素食主义者则都可以食用。

当然，受这种趋势影响的不只是面包店，普通的路边小摊和饭店，也在渐渐增加针对素食主义者的食物。

健康的概念越来越多元化

除了上面提到的几点，健康也是面包业界最重要的关键词之一。德国以健康为理念的面包有很多，比如加入奇亚籽的面包，或是富含蛋白质的面包等，不过，最受瞩目的还是方便美味的健康三明治和花式面包。三明治不但种类丰富、有营养，还方便携带，在德国非常受欢迎。

2014年，德国面包被教科文组织认证为德国本土的非物质文化遗产。成为非物质文化遗产后，人们对德国面包的热情也越来越高，德国人也会更加努力地提高面包品质。

德国最大的有机认证机构 Bioland 的标志。它的检测标准比政府性机构还要严格。

德国面包成为非物质文化遗产

德国悠久的历史、政治变迁，还有气候、土壤等条件，孕育出了德国极具地方特色和多样性的面包文化。面包不但是德国人生活中的常见饮食，在宗教仪式、活动和其他节庆上，也必不可少。

德国面包有很强的地域特色和很多种制做方法（发酵方法、烘烤方法等），这是长久以来，由师傅制度（P211）（P80）传承下来的重要财富。

据说，德国是世界上面包种类最丰富的国家。为了保护他们的面包文化，德国教科文组织将其认证为德国本土的非物质文化遗产。德国中央面包手工业联盟开设了一个面包登记网站，目的是保护和普及德国面包文化。参与这项活动的面包店，会不断记录新的面包信息，到2015年为止，已经登记的面包达到了3200多种。

最近，德国的家族式面包店受到连锁店的冲击，经营变得越来越困难。这可能意味着，面包店代代相传的面包和配方将会慢慢消失。认证成为非物质文化遗产，能够更好地保护和延续德国面包文化。

德国教科文组织官网上的认证信息
"German Bread Culture"（德国面包文化）
www.unesco.de/en/kultur/immaterielles-kulturerbe/german-inventory/inscription/german-bread-culture.htmL

德国中央面包手工业联盟
"Deutsche Brotkultur"（德国面包文化）
www.brotkultur.de/

参观德国的面包博物馆

德国各地都有面包主题博物馆。对于一直以面包为主食的欧洲人来说，面包不只是一种食物，还是文化和历史的载体。通过面包，能看出各个时代的生活、习俗、宗教、政治和经济等状况。面包是德国人留给后代的重要文化财产，所以德国才会建这么多博物馆来展示和推广面包文化。

下面向大家介绍的博物馆里，展出的内容不仅有面包知识，还有与日常生活息息相关的信息。有趣的展品，一定能让你看到德国面包新的一面。参观完博物馆之后，既可以了解有关面包的历史故事，也能对面包现在和未来的发展有所领悟。每个博物馆都有自己的独特之处，有些博物馆里还有咖啡馆和饭店。如果有机会，大家一定要过去看看。

面包文化博物馆
（Museum der Brotkultur in Ulm）
位于巴登－符腾堡州南部乌尔姆市的博物馆。馆内大约有 18000 件藏品，按时代分为不同的展区，有面包、粮食、饥饿等几个主题。
地址：Salzstadelgasse 10，89073 Ulm
www.museum-brotkultur.de/

这个博物馆坐落在一个用谷物仓库改造成的文艺复兴建筑里。Logo 上的图案就源自该建筑。

欧洲面包博物馆
（Europäisches Brotmuseum）
这个博物馆位于下萨克森州南部的埃伯格岑市，它的主题是从谷物到面包。馆内有上下 8000 年的历史资料和展品。整个博物馆有很大的空间，除了普通展品，还有中世纪的风车、面包柴窑等。有时还会用柴窑当场烤面包，向人们展示古代的面包制作方法。

欧洲面包博物馆的标语是“有生命的场所”的意思，这是一个能亲身体验德国面包文化的地方。

巴伐利亚面包博物馆
（Bayerisches Bäckereimuseum）
位于巴伐利亚州上弗兰肯地区。这里有啤酒博物馆，但啤酒和面包有着密切的联系，所以这里也设立了一个面包博物馆。馆内展示了 17 世纪面包店中的各种道具，通过它能看出当时人们的生活状态。参观结束后，还可以品尝啤酒和面包。
地　址：MUSEEN IM MÖNCHSHOF, Hofer Straße 20, 95326 Kulmbach
www.kulmbacher-moenchshof.de/Baeckereimuseum.htm

巴伐利亚州的纹章，馆内的展品之一。上方有代表这片区域的扭结面包（P84）图案。

威斯特法伦面包博物馆（Westfälische Brotmuseum）

位于北莱茵－威斯特法伦州尼海姆地区的民俗博物馆。馆内展示的主要是与威斯特法伦当地的面包、啤酒、奶酪和火腿相关的展品。
地址：Westfalen Culinarium, Lange Str. 12, 33039 Nieheim
www.westfalen-culinarium.de/

2

1. 用古老民居改造成的建筑物。一楼放着一个大柴窑，在特定的日子会当场烤面包，然后分给参观的人试吃。馆内还有威斯特法伦特有的粗黑麦面包（P46）、谷物和香料等。
2. 虽然这只是小规模的地方性博物馆，却在 2006 年获得了德国旅游局颁发的大奖，并得到了“In Nieheim erleben & genießen.（到尼海姆尽情体验、享受。）”的赞誉。

豪斯勒烘焙村
（Häussler Backdorf）
Backdorf 是烘焙村的意思。它位于德国烤箱制造商豪斯勒的地界上，里面展示并销售该品牌生产的烘焙工具、材料等。有时会举行面包座谈会等活动，推荐专业的面包师和烘焙爱好者去参观。
地址：Nussbaumweg 1, D-88499 Heiligkreuztal
www.backdorf.de

烘焙村内展示着很多烘焙工具，比如揉面机和烤箱等。里面还有烘焙书籍展区、座谈会大厅、烤面包的演示厅等。

图书在版编目（CIP）数据

德国面包大全 /（日）森本智子著；王宇佳译. --
南昌：红星电子音像出版社，2020.5
ISBN 978-7-83010-215-9

Ⅰ. ①德… Ⅱ. ①森… ②王… Ⅲ. ①面包—烘焙—德国 Ⅳ. ① TS213.21

中国版本图书馆 CIP 数据核字 (2019) 第 109516 号

责任编辑：黄成波
美术编辑：杨　蕾

德国面包大全
[日] 森本智子　著　　王宇佳　译

策划制作： 北京书锦缘咨询有限公司（www.booklink.com.cn）
总 策 划： 陈　庆
策　　划： 姚　兰
设计制作： 王　青

出版发行	红星电子音像出版社
地址	南昌市红谷滩新区红角洲岭口路 129 号 邮编：330038　电话：0791-86365613　86365618
印刷	北京旺都印务有限公司
经销	各地新华书店
开本	185mm × 260mm　1/16
字数	150 千字
印张	13.5
版次	2020 年 5 月第 1 版　2020 年 5 月第 1 次印刷
书号	ISBN 978-7-83010-215-9
定价	98.00 元

赣版权登字 14-2019-298